Schaich/Münnich
Mathematische Statistik für Ökonomen
Arbeitsbuch

Mathematische Statistik für Ökonomen

Arbeitsbuch

von

Prof. Dr. Dr. h.c. Eberhard Schaich

und

Dr. Ralf Münnich

Eberhard Karls Universität Tübingen

Verlag Franz Vahlen München

VERLAG
VAHLEN
MÜNCHEN
www.vahlen.de

Die Deutsche Bibliothek – CIP-Einheitsaufnahme

Schaich, Eberhard:
Mathematische Statistik für Ökonomen / von Eberhard Schaich und Ralf Münnich.– München : Vahlen
Arbeitsbuch – 2001
ISBN 3-8006-2482-6

ISBN 3 8006 2482 6

Wilhelmstr. 9, 80801 München
Satz: DTP-Vorlagen der Autoren
Druck: Schätzl-Druck, Am Stillflecken 4, 86609 Donauwörth
Umschlag: Hoffmann´s Text Office, München

Gedruckt auf säurefreiem, alterungsbeständigen Papier
(hergestellt aus chlorfrei gebleichtem Zellstoff)

Vorwort

Dies ist das Arbeitsbuch zum Lehrbuch *Mathematische Statistik für Ökonomen*, das zeitgleich von uns im Verlag Frank Vahlen GmbH publiziert wurde. Zur Grundkonzeption und zum Progamm von Lehr- und Arbeitsbuch wird auf das Vorwort des Lehrbuches verwiesen. Angesichts des ausführlichen Literaturverzeichnisses im Lehrbuch wurde ein solches für das Arbeitsbuch für entbehrlich gehalten.

In diesem Arbeitsbuch sind Problemstellungen und Musterlösungen zu den sieben Kapiteln des Lehrtextes enthalten. Die Anordnung der Problemstellungen erfolgte entlang der Gliederung des Lehrbuches. Unter diesen gibt es zahlreiche, die sich auch als Klausur- oder Examensaufgaben eignen. Einige haben indessen auch eine weiterführende Bedeutung und sind dementsprechend anspruchsvoller. Ein Sachverzeichnis am Schluss soll die Möglichkeit bieten, Problemstellungen zu einzelnen Sachthemen leicht zu finden.

Die Verfasser danken insbesondere Herrn Diplom-Mathematiker Merz für seine erheblichen fachlichen und gestalterischen Beiträge bei der Abfassung dieses Studienbuchs. Dank zu sagen ist zusätzlich auch zahlreichen Studierenden, die durch gute und kritische Mitarbeit in Übungsveranstaltungen zur Ausreifung der Problemstellungen und der Musterlösung sehr viel beigetragen haben.

Auch hier möchten wir alle, die sich mit diesem Arbeitsbuch befassen, ermuntern, mit uns über die Homepage `http://www.ralf-muennich.de/MathStat` in Kontakt zu treten.

Die Zusammenarbeit mit Herrn Diplom-Volkswirt Dieter Sobotka vom Verlag Franz Vahlen, München, ist auch bei diesem Arbeitsbuch höchst erfreulich und unbeschwert gewesen.

Tübingen, den 5. Juni 2001

EBERHARD SCHAICH — RALF MÜNNICH

Inhaltsverzeichnis

Abbildungsverzeichnis

Tabellenverzeichnis

Symbolverzeichnis

Nachfolgend werden die wichtigsten Abkürzungen bzw. Symbole vorgestellt. Zusätzlich wird eine Tilde ˜ zur Kennzeichung einer Zufallsvariablen verwendet. Fett gedruckte Symbole kennzeichnen Vektoren und Matrizen.

$(A_i)_{i\in\mathbb{N}}$	Folge von Ereignissen
$\mathrm{AMSE}_\pi(\tilde{u}_n)$	Asymptotischer mittlerer quadratischer Fehler (Asymptotic Mean Square Error) der Schätzfunktion $\tilde{u}_n$
$\mathrm{AREff}_\pi(\tilde{u}_1, \tilde{u}_2)$	Asymptotische relative Effizienz der Schätzfunktion $\tilde{u}_{1,n}$ bezogen auf $\tilde{u}_{2,n}$
C	Kritische Region (Ablehnungsbereich)
$\overline{C}$	Annahmebereich
$C_{\tilde{x}}(t)$	Charakteristische Funktion der Zufallsvariablen $\tilde{x}$
$\mathrm{cov}\,\tilde{x}_1, \tilde{x}_2$	Kovarianz der Zufallsvariablen $\tilde{x}_1$ und $\tilde{x}_2$
$\mathrm{E}\,\tilde{x}$	Erwartungswert der Zufallsvariablen $\tilde{x}$
$F_{\tilde{x}}(x)$	Verteilungsfunktion der Zufallsvariablen $\tilde{x}$
$F_{\tilde{\boldsymbol{x}}}(\boldsymbol{x})$	Verteilungsfunktion des Zufallsvektors $\tilde{\boldsymbol{x}}$
$f_{\tilde{x}}(x)$	Wahrscheinlichkeits- oder Dichtefunktion der Zufallsvariablen $\tilde{x}$
$f_{\tilde{\boldsymbol{x}}}(\boldsymbol{x})$	Wahrscheinlichkeits- oder Dichtefunktion des Zufallsvektors $\tilde{\boldsymbol{x}}$
H_0	Nullhypothese
H_1	Alternativhypothese
J	JAKOBIsche Determinante (Funktionaldeterminante)
$L(x_1, \ldots, x_n; \pi)$	Likelihood-Funktion des Parameters π

$L(x_1, \ldots, x_n; \boldsymbol{\pi})$	Likelihood-Funktion des Parametervektors $\boldsymbol{\pi}$
$M_{\tilde{x}}(t)$	Momenterzeugende Funktion der Zufallsvariablen $\tilde{x}$
$M_{\underline{\tilde{x}}}(t_1, \ldots, t_n)$	Momenterzeugende Funktion des Zufallsvektors $\underline{\tilde{x}}$
$\mathrm{MSE}_\pi(\tilde{u})$	Mittlerer quadratischer Fehler (Mean Square Error) der Schätzfunktion $\tilde{u}$
$P_{\tilde{x}}(s)$	Erzeugende Funktion
$\mathbf{R}$	Korrelationsmatrix
$\mathrm{REff}_\pi(\tilde{u}_1, \tilde{u}_2)$	Relative Effizienz der Schätzfunktion $\tilde{u}_1$ bezogen auf $\tilde{u}_2$
$\tilde{s}^2$	Stichprobenvarianz
$\mathrm{sgn}(\cdot)$	Vorzeichenfunktion
$\tilde{u}(x_1, \ldots, x_n; \pi)$	Schätzfunktion für den Parameter π
$\mathrm{var}\,\tilde{x}$	Varianz der Zufallsvariablen $\tilde{x}$
$\tilde{x}$	Zufallsvariable $\tilde{x}$
$\tilde{\boldsymbol{x}}$	Zufallsvektor $\tilde{\boldsymbol{x}}$
$\tilde{x}_1 \| x_2$	Zufallsvariable $\tilde{x}_1$ unter der Bedingung $\{\tilde{x}_2 = x_2\}$
$\bar{\tilde{x}}$	Stichprobenmittel
$x_{[i]}$	i-t kleinster Stichprobenwert
$x(p)$	Quantil der Ordnung p $(0 < p < 1)$
$\{\tilde{x}_n\}$	Folge von Zufallsvariablen
$[x]$	Größte ganze Zahl, die kleiner oder gleich x ist
$\mathcal{K}$	Mengenkörper
$\mathcal{P}(A)$	Potenzmenge der Menge A
$\mathcal{S}$	Sigmakörper
$\mathbb{D}_\varphi$	Definitionsbereich der Abbildung φ
$\mathbb{W}_\varphi$	Wertebereich der Abbildung φ

α_k	Absolutes Moment der Ordnung k
α_{kl}	Absolutes Moment der Ordnung (k,l)
γ_k	Gewöhnliches Moment der Ordnung k
γ_{kl}	Gewöhnliches Moment der Ordnung (k,l)
$\Gamma(p)$	Γ-Funktion
μ_k	Zentrales Moment der Ordnung k
μ_{kl}	Zentrales Moment der Ordnung (k,l)
Ω	Ergebnismenge (sicheres Ereignis)
$(\Omega, \mathcal{S})$	Messbarer Raum
$(\Omega, \mathcal{S}, W)$	Wahrscheinlichkeitsraum
Π	Parameterraum
Π_0	Parameterraum der Nullhypothese
Π_1	Parameterraum der Alternativhypothese
$\varrho(\tilde{x}_1, \tilde{x}_2)$	Korrelationskoeffizient der Zufallsvariablen $\tilde{x}_1$ und $\tilde{x}_2$
$\mathbf{\Sigma}$	Varianz-Kovarianz-Matrix
$\Phi_{\tilde{x}}(x\|\mu;\sigma^2)$	Verteilungsfunktion einer eindimensional normalverteilten Zufallsvariablen mit Parametern μ und σ^2
$\Phi_{\tilde{x}}(x)$	Verteilungsfunktion einer eindimensional standardnormalverteilten Zufallsvariablen
$a \mod b$	a modulo b
$\det \Sigma$	Determinante der Matrix Σ
$\emptyset$	Leere Menge (unmögliches Ereignis)
$\lim\limits_{n\to\infty} a_n$	Grenzwert der Folge $(a_n)_{n\in\mathbb{N}}$
$F_{\tilde{x}_n} \xrightarrow{w} F_{\tilde{x}}$	Schwache Konvergenz der Folge $\{F_{\tilde{x}_n}\}$ gegen die Verteilungsfunktion $F_{\tilde{x}}$
$\operatorname*{plim}\limits_{n\to\infty} \tilde{x}_n = \tilde{x}$	Stochastische Konvergenz der Folge $\{\tilde{x}_n\}$ gegen die Zufallsvariable $\tilde{x}$

$\tilde{x}_n \xrightarrow{p} \tilde{x}$	Stochastische Konvergenz der Folge $\{\tilde{x}_n\}$ gegen die Zufallsvariable $\tilde{x}$
$\tilde{x}_n \xrightarrow{d} \tilde{x}$	Konvergenz der Folge $\{\tilde{x}_n\}$ in Verteilung gegen die Zufallsvariable $\tilde{x}$
$\tilde{x}_n \xrightarrow{as} \tilde{x}$	Fast sichere Konvergenz der Folge $\{\tilde{x}_n\}$ gegen die Zufallsvariable $\tilde{x}$
$\tilde{x}_n \xrightarrow{d} \tilde{x}$	Konvergenz der Folge $\{\tilde{x}_n\}$ im r-ten Mittel gegen die Zufallsvariable $\tilde{x}$

Kapitel 1

Wahrscheinlichkeitsräume und eindimensionale Zufallsvariablen

1.1. Wahrscheinlichkeitsräume

Aufgabe 1.-1: $\Omega = \{(i,j)|i,j = 1,\ldots,6\}$ sei die Ergebnismenge des Zufallsvorganges: Zweimaliges Ausspielen eines Würfels. A_k (B_k) $(k = 2,\ldots,12)$ bezeichnen die Ereignisse: Die Augensumme beider Ausspielungen ist kleiner oder gleich (größer als) k. Man überlege, ob die Teilmengen

a) $\mathcal{K}_1 := \{\emptyset, A_2, B_2, \Omega\}$;

b) $\mathcal{K}_2 := \{A_{12}, B_{12}\}$;

c) $\mathcal{K}_3 := \{A_{11}, B_{11}\}$;

d) $\mathcal{K}_4 := \{A_k, B_k | k = 2,\ldots,12\}$

von $\mathcal{P}(\Omega)$ Mengenkörper sind.

Lösung 1.-1

Gegeben sind $\Omega = \{(i,j)|i,j = 1,\ldots,6\}$, $A_k = \{(i,j)|i+j \leq k\}$ und $B_k = \{(i,j)|i+j > k\}$; $k = 2,\ldots,12$.

a) Für $\mathcal{K}_1 = \{\emptyset, A_2, B_2, \Omega\}$ gilt

$$\begin{aligned}
\bar{\emptyset} = \Omega \in \mathcal{K}_1; &\quad \bar{A}_2 = B_2 \in \mathcal{K}_1; &\quad \bar{B}_2 = A_2 \in \mathcal{K}_1;\\
\bar{\Omega} = \emptyset \in \mathcal{K}_1; &\quad \emptyset \cup A_2 = A_2 \in \mathcal{K}_1; &\quad \emptyset \cup B_2 = B_2 \in \mathcal{K}_1;\\
\emptyset \cup \Omega = \Omega \in \mathcal{K}_1; &\quad A_2 \cup B_2 = \Omega \in \mathcal{K}_1; &\quad A_2 \cup \Omega = \Omega \in \mathcal{K}_1;
\end{aligned}$$

$$B_2 \cup \Omega = \Omega \in \mathcal{K}_1;$$

also ist $\mathcal{K}_1$ ein Mengenkörper.

b) $\mathcal{K}_2 = \{A_{12}, B_{12}\} = \{\emptyset, \Omega\}$;

damit ist $\mathcal{K}_2$ der einfachste Mengenkörper.

c) $\mathcal{K}_3 = \{A_{11}, B_{11}\}$;

z. B. ist $A_{11} \cup B_{11} = \Omega \notin \mathcal{K}_3$; also ist $\mathcal{K}_3$ kein Mengenkörper.

d) $\mathcal{K}_4 = \{A_k, B_k | k = 2, \dots, 12\}$; z. B. ist $A_2 \cup B_{11} = \{(1,1); (6,6)\} \notin \mathcal{K}_4$; also ist $\mathcal{K}_4$ kein Mengenkörper.

Aufgabe 1.-2: Ω sei eine Ergebnismenge mit n Elementen. Man gebe die Anzahl der Elemente von $\mathcal{P}(\Omega)$ sowie von $\mathcal{P}[\mathcal{P}(\Omega)]$ an.

Lösung 1.-2

$\nu[\mathcal{P}(\Omega)]$: Die Teilmengen einer Ergebnismenge Ω von n Elementen können $0, 1, \dots, n$ Elemente umfassen. Es gibt $\binom{n}{k}$ Möglichkeiten, aus n Elementen k Elemente zum Zweck der Zusammenfassung zu einer Teilmenge herauszugreifen ($k = 0, 1, \dots, n$). Unter Verwendung des Binomischen Lehrsatzes

$$(a+b)^n = \sum_{k=0}^{n} \binom{n}{k} a^k b^{n-k}$$

ist daher

$$\nu[\mathcal{P}(\Omega)] = \binom{n}{0} + \binom{n}{1} + \dots + \binom{n}{n} = (1+1)^n = 2^n$$

die Anzahl der Elemente der Potenzmenge $\mathcal{P}(\Omega)$ von Ω.

$\nu\{\mathcal{P}[\mathcal{P}(\Omega)]\}$: Die Anzahl der Elemente der Potenzmenge $\mathcal{P}[\mathcal{P}(\Omega)]$ der Potenzmenge $\mathcal{P}(\Omega)$ von Ω ergibt sich entsprechend mit

$$\nu\{\mathcal{P}[\mathcal{P}(\Omega)]\} = 2^{(2^n)} \quad .$$

Man beachte, dass im allgemeinen $2^{(2^n)} \neq (2^2)^n$ ist.

Aufgabe 1.-3: Es sei $\Omega = \{1, 2, 3\}$. Man zähle sämtliche (nichtleeren) Teilmengen von $\mathcal{P}(\Omega)$ auf, die einen Mengenkörper bilden.

Lösung 1.-3

Die Menge $(\emptyset, \Omega)$ ist der einzige zweielementige Mengenkörper.
Die drei Mengen $\{\emptyset, \{1\}, \{2,3\}, \Omega\}$, $\{\emptyset, \{2\}, \{1,3\}, \Omega\}$ und $\{\emptyset, \{3\}, \{1,2\}, \Omega\}$ sind, wie man leicht nachprüft, je vierelementige Mengenkörper über Ω.

Es gibt keine sechselementigen Mengenkörper, wie man durch Prüfung der $\binom{8}{6} = 28$ sechselementigen Teilmengen von $\mathcal{P}(\Omega)$ feststellt.

Die Menge $\mathcal{P}(\Omega) = \{\emptyset, \{1\}, \{2\}, \{3\}, \{1,2\}, \{1,3\}, \{2,3\}, \Omega\}$ ist ein Mengenkörper über Ω.

Es gibt also insgesamt 5 Mengenkörper über der dreielementigen Menge Ω.

Aufgabe 1.-4: $\mathcal{K}$ sei ein Mengenkörper; A_i $(i = 1, \ldots, r)$ seien Elemente von $\mathcal{K}$. Man zeige, dass

$$\bigcup_{i=1}^{r} A_i \in \mathcal{K} \quad \text{und} \quad \bigcap_{i=1}^{r} A_i \in \mathcal{K}$$

gilt.

Lösung 1.-4

Beide Behauptungen werden durch vollständige Induktion nach r bewiesen.
1. Behauptung:
Da $\mathcal{K}$ ein Mengenkörper ist, ist mit $A_1, A_2 \in \mathcal{K}$ auch $A_1 \cup A_2 \in \mathcal{K}$ (Induktionsanfang). Die Behauptung ist also für $r = 2$ richtig. Man setzt

$$\bigcup_{i=1}^{r-1} A_i \in \mathcal{K} \quad \text{mit} \quad A_i \in \mathcal{K}$$

voraus (Induktionsvoraussetzung) und erhält mit der Definition eines Mengenkörpers und $A_r \in \mathcal{K}$

$$\bigcup_{i=1}^{r-1} A_i \cup A_r = \bigcup_{i=1}^{r} A_i \in \mathcal{K} \quad \text{(Induktionsschluss).}$$

2. Behauptung: Da $\mathcal{K}$ ein Mengenkörper ist, ist mit $A_1, A_2 \in \mathcal{K}$ auch $A_1 \cap A_2 \in \mathcal{K}$. Die Behauptung ist also für $r = 2$ richtig. Es sei

$$\bigcap_{i=1}^{r-1} A_i \in \mathcal{K} \quad \text{mit} \quad A_i \in \mathcal{K}.$$

Dann folgt unter Beachtung der Definition eines Mengenkörpers zunächst

$$\overline{\bigcap_{i=1}^{r-1}} A_i \in \mathcal{K} \quad .$$

Mit $A_r \in \mathcal{K}$ gilt auch $\overline{A}_r \in \mathcal{K}$. Damit gilt unter Beachtung der DE MORGANschen Regeln auch

$$\overline{\bigcap_{i=1}^{r-1}} A_i \cup \overline{A}_r = \bigcup_{i=1}^{r-1} \overline{A}_i \cup \overline{A}_r = \overline{\bigcap_{i=1}^{r}} A_i \in \mathcal{K}$$

und

$$\overline{\overline{\bigcap_{i=1}^{r}}} A_i = \bigcap_{i=1}^{r} A_i \in \mathcal{K} \quad .$$

Aufgabe 1.-5: Es sei $\Omega = \{x | x \in \mathbb{R};\ 0 \leq x < \infty\}$. Man zeige, dass das Ereignissystem

$$\mathcal{K} = \{M | M \subset \Omega; \text{M lässt sich darstellen als Vereinigung von endlich vielen Intervallen aus } \Omega\}$$

zwar Mengenkörper, aber kein Sigmakörper ist.

Lösung 1.-5

Mit $M \in \mathcal{K}$ ist auch $\overline{M} \in \mathcal{K}$, denn das Komplement der Vereinigung endlich vieler Intervalle ist wieder eine Vereinigung endlich vieler Intervalle und gehört damit zu $\mathcal{K}$.
Mit $M_1, M_2 \in \mathcal{K}$ ist auch $M_1 \cup M_2 \in \mathcal{K}$, denn die Vereinigung endlich vieler Intervalle mit endlich vielen Intervallen besteht selbst wieder aus endlich vielen Intervallen und gehört damit zu $\mathcal{K}$.
Also ist $\mathcal{K}$ Mengenkörper.

Nun sei $M_i := [i; i+1)$ für $i = 0, 1, 2, \ldots$ mit $M_i \in \mathcal{K}$. Dann gilt zwar

$$\bigcup_{i=0}^{\infty} M_i = \Omega \quad ;$$

verwendet man jedoch nur jedes zweite Intervall, dann besteht die Menge

$$\bigcup_{i=0}^{\infty} M_{2 \cdot i} \notin \mathcal{K}$$

aus unendlich vielen Intervallen und kann nicht mehr durch Vereinigung endlich vieler Intervalle dargestellt werden. Somit liegt kein Sigmakörper vor.

Aufgabe 1.-6: Man leite die Eigenschaften 1. bis 4. zu Definition 1.-5 des Wahrscheinlichkeitsinhalts unter Zuhilfenahme der Definition 1.-1 eines Mengenkörpers her.

Eigenschaften:

1. Mit jedem Ereignis A kann auch dessen Komplement bezüglich Wahrscheinlichkeitsinhalt betrachtet werden.

2. Mit je zwei Ereignissen A, B kann auch deren Vereinigung bezüglich Wahrscheinlichkeitsinhalt betrachtet werden.

3. Mit je zwei Ereignissen A, B muss auch deren Durchschnitt einen Wahrscheinlichkeitsinhalt haben.

4. Mit endlich vielen Ereignissen $A_1, \ldots, A_r$ müssen auch deren Vereinigungs- und deren Schnittmenge einen Wahrscheinlichkeitsinhalt haben.

Lösung 1.-6

1.) Mit $A \in \mathcal{K}$ folgt $\bar{A} \in \mathcal{K}$. Somit besitzt $\bar{A}$ einen Wahrscheinlichkeitsinhalt.

2.) Mit $A, B \in \mathcal{K}$ folgt auch $A \cup B \in \mathcal{K}$. Damit folgt unmittelbar, dass $A \cup B$ einen Wahrscheinlichkeitsinhalt besitzt. Allerdings gilt (wegen $W(A \cap B \neq \emptyset)$):

$$W(A \cup B) = W(A) + W(B) - W(A \cap B)$$

3.) Mit $A, B \in \mathcal{K}$ folgt auch $A \cap B \in \mathcal{K}$. Somit besitzt $A \cap B$ einen Wahrscheinlichkeitsinhalt.

4.) Der Nachweis erfolgt per Induktion:

Als Induktionsanfang werden 2. und 3. verwendet.

Induktionsbehauptung: $\bigcup\limits_{i=1}^{r-1} A_i$ bzw. $\bigcap\limits_{i=1}^{r-1} A_i$ besitzt einen Wahrscheinlichkeitsinhalt.

Induktionsschluss: Da $\bigcup\limits_{i=1}^{r} A_i = \bigcup\limits_{i=1}^{r-1} A_i \cup A_r$ (Schnittmenge analog) und beide Terme der rechten Seite einen Wahrscheinlichkeitsinhalt besitzen, folgt aus 2. bzw. 3. unmittelbar die Behauptung.

Aufgabe 1.-7: Es sei $\Omega = \{x | x \in \mathbb{R};\ 0 < x \leq 1\}$. Man gebe je einen endlichen Mengenkörper mit 4 Elementen und 8 Elementen, einen abzählbar unendlichen Mengenkörper sowie einen überabzählbaren Mengenkörper über Ω an.

Lösung 1.-7

Allgemeine Lösung:

Der Durchschnitt beliebig vieler Mengenkörper über einer Menge Ω ist wieder ein Mengenkörper. Die Potenzmenge $\mathcal{P}(\Omega)$ ist trivialerweise ein Mengenkörper. Deshalb definiert man wie folgt:

Unter dem von einem Mengensystem $\mathcal{A} \subset \mathcal{P}(\Omega)$ erzeugten Mengenkörper $\mathcal{K}_\mathcal{A}$ versteht man den Durchschnitt aller Mengenkörper über Ω, die $\mathcal{A}$ enthalten, also:

$$\mathcal{K}_\mathcal{A} := \bigcap_{\mathcal{K} \supset \mathcal{A}} \mathcal{K} \quad .$$

4 Elemente: Für ein Ereignis $A \subset \Omega$ ist jeweils

$$\mathcal{K}_{\{A\}} = \{\emptyset, A, \overline{A}, \Omega\}$$

ein Mengenkörper mit vier Elementen.

8 Elemente: Für zwei Ereignisse $A_1, A_2 \subset \Omega$ ist

$$\mathcal{K}_{\{A_1,A_2\}} = \{\emptyset, A_1, A_2, A_1 \cup A_2, \overline{A}_1, \overline{A}_2, \overline{A_1 \cup A_2}, \Omega\}$$

ein Mengenkörper mit acht Elementen.

Abzählbar viele Elemente: Der Mengenkörper

$$\mathcal{K}_{\{A_i : i \in \mathbb{N}\}} \text{ mit } A_i := \left\{\omega \in \Omega \,\middle|\, \frac{1}{i+1} < \omega \leq \frac{1}{i}\right\}$$

ist ein Mengenkörper mit abzählbar unendlich vielen Elementen, denn das System $\{A_i : i \in \mathbb{N}\}$ ist bereits abzählbar unendlich und endliche Vereinigungs- bzw. Komplementbildung führen nicht zu einem System höherer Mächtigkeit.

Überabzählbar viele Elemente: $\mathcal{P}(\Omega)$ ist ein überabzählbarer Mengenkörper, denn nach dem Satz von CANTOR hat $\mathcal{P}(\Omega)$ mindestens die Mächtigkeit von $\Omega = (0; 1]$ und $(0; 1]$ ist bereits überabzählbar.

Aufgabe 1.-8: $\mathcal{K}$ sei ein Mengenkörper mit $A_i \in \mathcal{K}$ $(i = 1, \ldots, r)$, W sei ein Wahrscheinlichkeitsinhalt.

Man zeige $(A_1 - A_2 := A_1 \cap \bar{A}_2)$:

a) $W(A_1 - A_2) = W(A_1) - W(A_1 \cap A_2)$

b) Gilt $\quad A_i \cap A_j = \emptyset \quad$ für $\quad i \neq j, \quad$ so ist $\quad W(\bigcup_{i=1}^{r} A_i) = \sum_{i=1}^{r} W(A_i)$.

c) $W[(A_1 \cup A_2) - (A_1 \cap A_2)] = W(A_1) + W(A_2) - 2\, W(A_1 \cap A_2)$

Lösung 1.-8

a) $A_1 \cap \overline{A}_2$ und $A_1 \cap A_2$ sind disjunkte Ereignisse mit $(A_1 \cap \overline{A}_2) \cup (A_1 \cap A_2) = A_1$.

Es gilt also $W(A_1) = W(A_1 \cap \overline{A}_2) + W(A_1 \cap A_2)$ und damit $W(A_1 \cap \overline{A}_2) = W(A_1) - W(A_1 \cap A_2)$.

Mit $A_1 \cap \overline{A}_2 = A_1 - A_2$ erhält man sofort $W(A_1 - A_2) = W(A_1) - W(A_1 \cap A_2)$.

b) Die Behauptung wird durch vollständige Induktion nach r bewiesen. Aus $A_1 \cap A_2 = \emptyset$ folgt $W(A_1 \cup A_2) = W(A_1) + W(A_2)$ (Induktionsanfang).

Zunächst wird vorausgesetzt, dass aus $A_i \cap A_j = \emptyset$ $(i, j = 1, \ldots, r-1; i \neq j)$

$$W\Big(\bigcup_{i=1}^{r-1} A_i\Big) = \sum_{i=1}^{r-1} W(A_i)$$

folgt (Induktionsvoraussetzung).

Es gilt

$$\bigcup_{i=1}^{r} A_i = \left(\bigcup_{i=1}^{r-1} A_i\right) \cup A_r \quad .$$

Aus

$$A_i \cap A_j = \emptyset \quad (i, j = 1, \ldots, r; i \neq j)$$

folgt

$$\left(\bigcup_{i=1}^{r-1} A_i\right) \cap A_r = \emptyset \quad .$$

Damit erhält man

$$W\Big(\bigcup_{i=1}^{r} A_i\Big) = W(\bigcup_{i=1}^{r-1} A_i) + W(A_r) \quad .$$

Mit der Induktionsvoraussetzung ergibt sich schließlich

$$W\Big(\bigcup_{i=1}^{r} A_i\Big) = \sum_{i=1}^{r-1} W(A_i) + W(A_r) = \sum_{i=1}^{r} W(A_i)$$

(Induktionsschluss).

c) $A_1 \cap \overline{A}_2$ und $A_2 \cap \overline{A}_1$ sind disjunkte Ereignisse mit $(A_1 \cap \overline{A}_2) \cup (A_2 \cap \overline{A}_1) = (A_1 \cup A_2) - (A_1 \cap A_2)$. Es gilt also

$$\begin{aligned} W[(A_1 \cup A_2) - (A_1 \cap A_2)] &= W(A_1 \cap \overline{A}_2) + W(A_2 \cap \overline{A}_1) \\ &= W(A_1 - A_2) + W(A_2 - A_1) \quad . \end{aligned}$$

Unter Berücksichtigung von a) erhält man

$$\begin{aligned} W[(A_1 \cup A_2) - (A_1 \cap A_2)] &= W(A_1) - W(A_1 \cap A_2) + W(A_2) - W(A_1 \cap A_2) \\ &= W(A_1) + W(A_2) - 2W(A_1 \cap A_2) \quad . \end{aligned}$$

Aufgabe 1.-9: Man beachte die Definition einer bedingten Wahrscheinlichkeit und zeige (alle beteiligten Wahrscheinlichkeiten seien positiv):

a) $W(A_1 \cap A_2 | A_3) = W(A_1|A_3) \cdot W(A_2|A_1 \cap A_3)$

b) $W(\bigcap_{i=1}^{r} A_i) = W(A_1) \cdot W(A_2|A_1) \cdot W(A_3|A_1 \cap A_2) \cdot \ldots \cdot W(A_r| \bigcap_{i=1}^{r-1} A_i)$

Lösung 1.-9

a) Es gilt

$$\begin{aligned} W(A_1 \cap A_2 | A_3) &= \frac{W(A_1 \cap A_2 \cap A_3)}{W(A_3)} \\ &= \frac{W(A_1 \cap A_3) \cdot W(A_1 \cap A_2 \cap A_3)}{W(A_1 \cap A_3) \cdot W(A_3)} \\ &= \frac{W(A_1 \cap A_3)}{W(A_3)} \cdot \frac{W(A_1 \cap A_2 \cap A_3)}{W(A_1 \cap A_3)} \\ &= W(A_1|A_3) \cdot W(A_2|A_1 \cap A_3) \quad . \end{aligned}$$

b) Der Beweis wird durch vollständige Induktion geführt. Aus der Definition der bedingten Wahrscheinlichkeit folgt $W(A_1 \cap A_2) = W(A_1) \cdot W(A_2|A_1)$ (Induktionsanfang). Man setzt (Induktionsvoraussetzung) voraus, dass

$$W\left(\bigcap_{i=1}^{r-1} A_i\right) = W(A_1) \cdot W(A_2|A_1) \cdot \ldots \cdot W(A_{r-1}|A_1 \cap \cdots \cap A_{r-2})$$

gilt. Dann ist (Induktionsschluss)

$$W\left(\bigcap_{i=1}^{r} A_i\right) = W\left[\left(\bigcap_{i=1}^{r-1} A_i\right) \cap A_r\right]$$

und unter Berücksichtigung der Definition der bedingten Wahrscheinlichkeit

$$W\left(\bigcap_{i=1}^{r} A_i\right) = W\left(\bigcap_{i=1}^{r-1} A_i\right) \cdot W\left(A_r | \bigcap_{i=1}^{r-1} A_i\right) \quad .$$

Mit der Induktionsvoraussetzung ergibt sich schließlich

$$\begin{aligned} W\left(\bigcap_{i=1}^{r} A_i\right) &= W(A_1) \cdot \cdots \cdot W(A_{r-1}|A_1 \cap \cdots \cap A_{r-2}) \\ &\cdot W(A_r|A_1 \cap \cdots \cap A_{r-1}) \quad . \end{aligned}$$

Aufgabe 1.-10: Es sei $\Omega = \{x|x \in \mathbb{R};\ 1 \leq x < \infty\}$. Über Ω sei der Sigmakörper

$\mathcal{S} = \{A|A \subset \Omega;\ A$ lässt sich darstellen als Vereinigung beliebig vieler (ausgearteter oder nicht ausgearteter) Intervalle aus $\Omega\}$

definiert. Für beliebiges $A \in \mathcal{S}$ wird eine Mengenfunktion f durch

$$f(A) = \int_A \frac{8}{x^3}\, dx$$

erklärt.

a) Man berechne $f(A)$ für $A = \{x|\, 2 \leq x \leq 4\}$.

b) Man normiere die Mengenfunktion f derart, dass die resultierende normierte Mengenfunktion W ein Wahrscheinlichkeitsmaß ist.

Lösung 1.-10

a) $$f(A) = \int_2^4 \frac{8}{x^3} dx = \left[-\frac{4}{x^2}\right]_2^4 = -\frac{4}{16} + \frac{4}{4} = \frac{3}{4} \quad .$$

b) Wegen

$$f(\Omega) = \int_1^\infty \frac{8}{x^3} x = \left[-\frac{4}{x^2}\right]_1^\infty = 0 + 4 = 4$$

ist die normierte Mengenfunktion (das Wahrscheinlichkeitsmaß) durch

$$W(A) := \frac{1}{4} f(A) = \int\limits_A \frac{2}{x^3}\, dx$$

gekennzeichnet.

Aufgabe 1.-11: Über $\Omega = \{x | x \in \mathbb{R};\ 1 \leq x < 3\}$ sei ein Sigmakörper $\mathcal{S}$ definiert, der unter anderem sämtliche Ereignisse

$$A_i = \left\{ x | x \in \mathbb{R};\ 2 \leq x \leq \left(1 + \frac{1}{i}\right)^i \right\}$$

$(i = 1, 2, \ldots)$ enthält. Man bestimme unter Verwendung des Wahrscheinlichkeitsmaßes

$$W(A) = \int\limits_A \left(-\frac{3}{4}x^2 + 3x - \frac{9}{4} \right) dx$$

$(A \in \mathcal{S})$ den Wert $\lim\limits_{i \to \infty} W(A_i)$.

Lösung 1.-11

Die Folge $(A_i)_{i \in \mathbb{N}}$ ist eine monoton wachsende Mengenfolge; deshalb gilt auf Grund der Stetigkeitseigenschaft von Wahrscheinlichkeitsmaßen

$$\lim_{i \to \infty} W(A_i) = W\left(\bigcup_{i=1}^{\infty} A_i \right) \quad .$$

(Einen Beweis dafür, dass $(1 + \frac{1}{i})^i$ monoton wachsend ist, findet man z. B. bei HEUSER (1993), S. 65 bzw. S. 115.) Wegen

$$\lim_{i \to \infty} \left(1 + \frac{1}{i}\right)^i = e$$

erhält man

$$\bigcup_{i=1}^{\infty} A_i = [2, e) \quad .$$

Damit errechnet man

$$\begin{aligned} \lim_{i \to \infty} W(A_i) = W([2, e)) &= \int\limits_2^e \left(-\frac{3}{4}x^2 + 3x - \frac{9}{4} \right) dx = \left[-\frac{1}{4}x^3 + \frac{3}{2}x^2 - \frac{9}{4}x \right]_2^e \\ &= -\frac{1}{4}e^3 + \frac{3}{2}e^2 - \frac{9}{4}e + 2 - 6 + \frac{9}{2} \approx 0{,}4461 \quad . \end{aligned}$$

1.2. Eindimensionale Zufallsvariablen

Aufgabe 1.-12: In einer Urne befinden sich rote und schwarze Kugeln. Der Anteil der roten Kugeln beträgt θ.

a) Nach dem Modell mit Zurücklegen sollen so lange Kugeln entnommen werden, bis zum k-ten Mal eine rote Kugel aufgetreten ist. Man ermittle die Wahrscheinlichkeitsfunktion der Zufallsvariablen $\tilde{x}$: Anzahl der Entnahmen bis zum k-ten Auftreten einer roten Kugel (negative Binomialverteilung; PASCAL-Verteilung).

b) Man betrachte den Spezialfall $k = 1$ (geometrische Verteilung) und gebe für diesen die Verteilungsfunktion ohne Verwendung des Summenzeichens an.

Lösung 1.-12

a) Die Wahrscheinlichkeit des Ereignisses $\{\tilde{x} = x\}$ lässt sich (Modell mit Zurücklegen) als Produkt der Wahrscheinlichkeiten der Ereignisse

- nach $(x - 1)$ Entnahmen ist gerade $(k - 1)$-mal eine rote Kugel aufgetreten
- die x-te Entnahme ergibt eine rote Kugel

angeben, also mit Hilfe der Binomialverteilung mit den Parametern $(x - 1)$ und θ. Man erhält

$$\begin{aligned} W(\tilde{x} = x) &= \binom{x-1}{k-1} \cdot \theta^{k-1} \cdot (1-\theta)^{x-k} \cdot \theta \\ &= \binom{x-1}{k-1} \cdot \theta^{k} \cdot (1-\theta)^{x-k} \end{aligned}$$

für $x = k, k + 1, \ldots$.

Es resultiert die PASCAL-Verteilung.

b) Für $k = 1$ ergibt sich speziell

$$W(\tilde{x} = x) = f_{\tilde{x}}(x) = \theta(1-\theta)^{x-1}$$

$(x = 1, 2, \ldots)$; die Verteilungsfunktion ist für $x \in \mathbb{N}$ unter Verwendung der Summenformel für die endliche geometrische Reihe

$$F_{\tilde{x}}(x) = \sum_{y=1}^{x} \theta(1-\theta)^{y-1} = \sum_{y=0}^{x-1} \theta(1-\theta)^{y} = \theta \cdot \frac{1-(1-\theta)^x}{1-(1-\theta)} = 1 - (1-\theta)^x \quad .$$

Insgesamt kann damit die Verteilungsfunktion unter Verwendung der Bezeichnung $[x]$ für die größte natürliche Zahl, die kleiner oder gleich x ist, in der Form

$$F_{\tilde{x}}(x) = \begin{cases} 0 & \text{für} \quad x < 1 \\ 1 - (1-\theta)^{[x]} & \text{sonst} \end{cases}$$

angegeben werden.

Es resultiert die geometrische Verteilung.

Aufgabe 1.-13: Man zeige, dass die Funktionen

$$f_{\tilde{x}}(x_i) = \begin{cases} \frac{1}{x_i} & \text{für} \quad x_i = 2, 3, \ldots \\ 0 & \text{sonst} \end{cases}$$

bzw.

$$f_{\tilde{x}}(x_i) = \begin{cases} \frac{1}{2^{x_i}} & \text{für} \quad x_i = 2, 3, \ldots \\ 0 & \text{sonst} \end{cases}$$

keine Wahrscheinlichkeitsfunktionen sind.

Lösung 1.-13

Wegen

$$\sum_{x=2}^{\infty} \frac{1}{x} > \frac{1}{2} + \frac{1}{3} + \frac{1}{4} > 1$$

bzw. wegen

$$\sum_{x=2}^{\infty} \frac{1}{2^x} = \frac{1}{4} \cdot \frac{1}{1 - 1/2} = \frac{1}{2} < 1$$

(Summenformel für die geometrische Reihe) liegt jeweils keine Wahrscheinlichkeitsfunktion vor, weil die Normierungseigenschaft

$$\sum_{x=2}^{\infty} f_{\tilde{x}}(x) = 1 \quad \text{und damit} \quad \lim_{x \to \infty} F_{\tilde{x}}(x) = 1$$

nicht erfüllt ist.

Aufgabe 1.-14: Man gebe die Verteilungsfunktionen zu den Dichtefunktionen

a)

$$f_{\tilde{x}}(x) = \begin{cases} x & \text{für } \ 0 \leq x < 1 \\ 2-x & \text{für } \ 1 \leq x < 2 \\ 0 & \text{sonst} \end{cases}$$

b)

$$f_{\tilde{x}}(x) = \begin{cases} x & \text{für } \ 0 \leq x < 1 \\ \frac{1}{4}(3-x) & \text{für } \ 1 \leq x < 3 \\ 0 & \text{sonst} \end{cases}$$

c)

$$f_{\tilde{x}}(x) = \begin{cases} x & \text{für } \ 0 \leq x < 1 \\ x-1 & \text{für } \ 1 \leq x < 2 \\ 0 & \text{sonst} \end{cases}$$

d)

$$f_{\tilde{x}}(x) = \begin{cases} x & \text{für } \ 0 \leq x < 1 \\ x-5 & \text{für } \ 5 \leq x < 6 \\ 0 & \text{sonst} \end{cases}$$

an und veranschauliche beide Funktionen jeweils graphisch.

Lösung 1.-14

a) Zur Dichtefunktion

$$f_{\tilde{x}}(x) = \begin{cases} x & \text{für } \ 0 \leq x < 1 \\ 2-x & \text{für } \ 1 \leq x < 2 \\ 0 & \text{sonst} \end{cases}$$

gehört die Verteilungsfunktion, die durch

$$F_{\tilde{x}}(x) = 0 \quad \text{für} \quad x < 0 \quad ,$$

$$F_{\tilde{x}}(x) = \int_0^x y\,dy = \left[\frac{1}{2}y^2\right]_0^x = \frac{1}{2}x^2 \quad \text{für} \quad 0 \leq x < 1 \quad ,$$

$$\begin{aligned} F_{\tilde{x}}(x) &= \int_1^x (2-y)\,dy + F_{\tilde{x}}(1) = \left[-\frac{1}{2}(2-y)^2\right]_1^x + \frac{1}{2} \\ &= 1 - \frac{1}{2}(2-x)^2 \quad \text{für} \quad 1 \le x < 2 \quad \text{und} \\ F_{\tilde{x}}(x) &= 1 \quad \text{für} \quad x \ge 2 \end{aligned}$$

gekennzeichnet ist. Insgesamt erhält man

$$F_{\tilde{x}}(x) = \begin{cases} 0 & \text{für} \quad x < 0 \\ \frac{1}{2}x^2 & \text{für} \quad 0 \le x < 1 \\ 1 - \frac{1}{2}(2-x)^2 & \text{für} \quad 1 \le x < 2 \\ 1 & \text{für} \quad x \ge 2 \end{cases} .$$

Dichte- und Verteilungsfunktion sind in den Abbildungen 1.-1 und 1.-2 veranschaulicht.

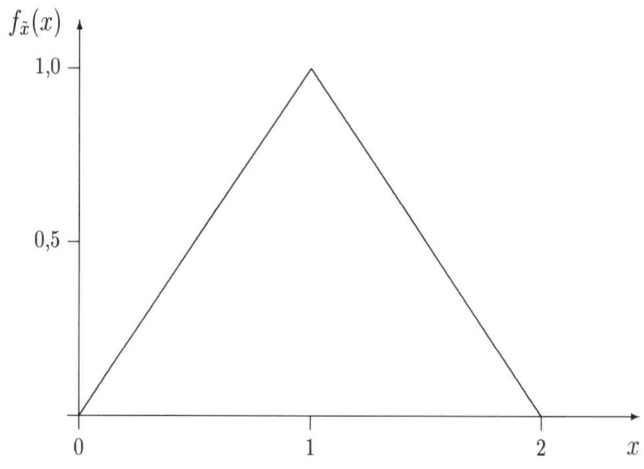

Abbildung 1.-1: Dichtefunktion der Zufallsvariablen gemäß Lösung 1.-14 a)

b) Für die Dichtefunktion

$$f_{\tilde{x}}(x) = \begin{cases} x & \text{für} \quad 0 \le x < 1 \\ \frac{1}{4}(3-x) & \text{für} \quad 1 \le x < 3 \\ 0 & \text{sonst} \end{cases}$$

errechnet man die Verteilungsfunktion, die durch

$$F_{\tilde{x}}(x) = 0 \quad \text{für} \quad x < 0 \quad ,$$

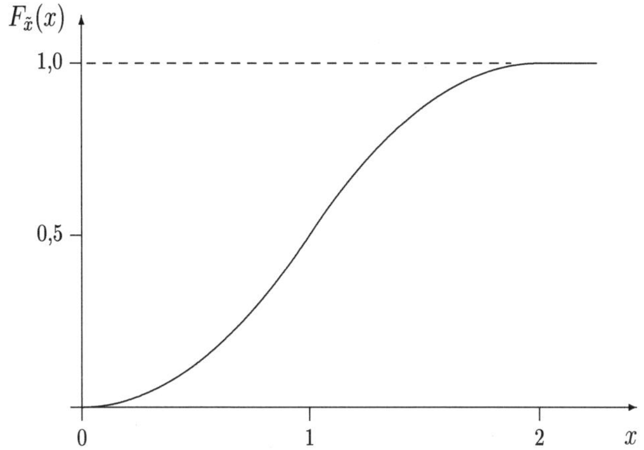

Abbildung 1.-2: Verteilungsfunktion der Zufallsvariablen gemäß Lösung 1.-14 a)

$$
\begin{aligned}
F_{\tilde{x}}(x) &= \frac{1}{2}x^2 \quad \text{für} \quad 0 \leq x < 1 \quad \text{(vgl. a))} \quad , \\
F_{\tilde{x}}(x) &= \int\limits_1^x \frac{1}{4}(3-y)\,dy + F_{\tilde{x}}(1) = \left[-\frac{1}{8}(3-y)^2\right]_{y=1}^{y=x} + \frac{1}{2} \\
&= 1 - \frac{1}{8}(3-x)^2 \quad \text{für} \quad 1 \leq x < 3 \qquad \text{und} \\
F_{\tilde{x}}(x) &= 1 \quad \text{für} \quad x \geq 3
\end{aligned}
$$

gekennzeichnet ist. Insgesamt erhält man

$$
F_{\tilde{x}}(x) = \begin{cases} 0 & \text{für} \quad x < 0 \\ \frac{1}{2}x^2 & \text{für} \quad 0 \leq x < 1 \\ 1 - \frac{1}{8}(3-x)^2 & \text{für} \quad 1 \leq x < 3 \\ 1 & \text{für} \quad x \geq 3 \end{cases} \quad .
$$

Beide Funktionen sind in den Abbildungen 1.-3 und 1.-4 veranschaulicht.

c) Für die Dichtefunktion

$$
f_{\tilde{x}}(x) = \begin{cases} x & \text{für} \quad 0 \leq x < 1 \\ x-1 & \text{für} \quad 1 \leq x < 2 \\ 0 & \text{sonst} \end{cases}
$$

erhält man analog die Verteilungsfunktion, die durch

$$
F_{\tilde{x}}(x) = 0 \quad \text{für} \quad x < 0 \quad ,
$$

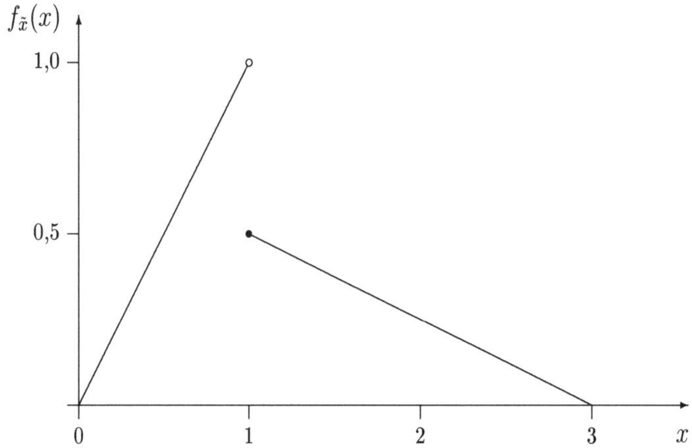

Abbildung 1.-3: Dichtefunktion der Zufallsvariablen gemäß Lösung 1.-14 b)

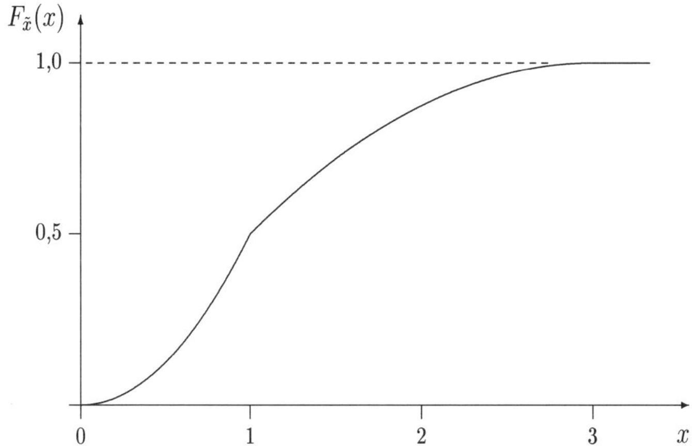

Abbildung 1.-4: Verteilungsfunktion der Zufallsvariablen gemäß Lösung 1.-14 b)

$$\begin{aligned}
F_{\tilde{x}}(x) &= \frac{1}{2}x^2 \quad \text{für} \quad 0 \le x < 1 \quad , \\
F_{\tilde{x}}(x) &= \int_1^x (y-1)\,dy + F_{\tilde{x}}(1) = \left[-\frac{1}{2}(y-1)^2\right]_1^x + \frac{1}{2} \\
&= \frac{1}{2} + \frac{1}{2}(x-1)^2 \quad \text{für} \quad 1 \le x < 2 \qquad \text{und} \\
F_{\tilde{x}}(x) &= 1 \quad \text{für} \quad x \ge 2
\end{aligned}$$

beschrieben ist. Man erhält insgesamt

$$F_{\tilde{x}}(x) = \begin{cases} 0 & \text{für} \quad x < 0 \\ \frac{1}{2}x^2 & \text{für} \quad 0 \le x < 1 \\ \frac{1}{2} + \frac{1}{2}(x-1)^2 & \text{für} \quad 1 \le x < 2 \\ 1 & \text{für} \quad x \ge 2 \end{cases} .$$

Beide Funktionen sind in den Abbildungen 1.-5 und 1.-6 veranschaulicht.

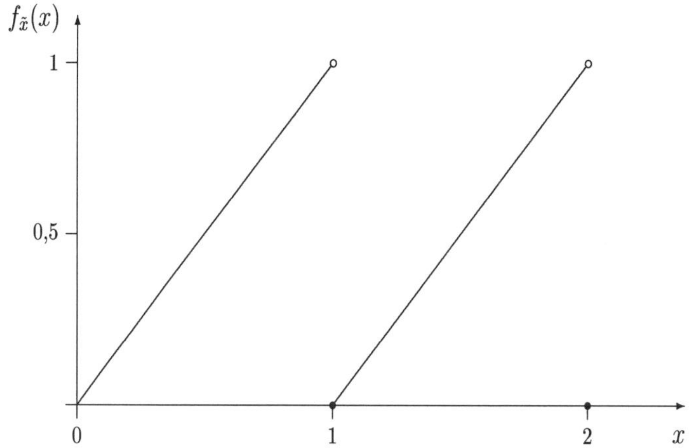

Abbildung 1.-5: Dichtefunktion der Zufallsvariablen gemäß Lösung 1.-14 c)

d) Schließlich liefert die Dichtefunktion

$$f_{\tilde{x}}(x) = \begin{cases} x & \text{für} \quad 0 \le x < 1 \\ x-5 & \text{für} \quad 5 \le x < 6 \\ 0 & \text{sonst} \end{cases}$$

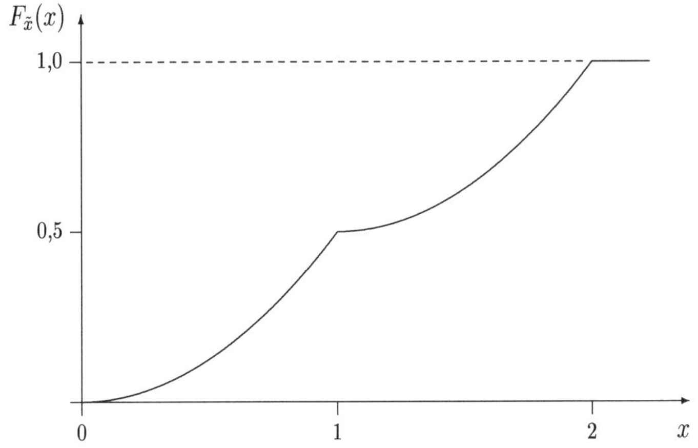

Abbildung 1.-6: Verteilungsfunktion der Zufallsvariablen gemäß Lösung 1.-14 c)

die Verteilungsfunktion mit

$$\begin{aligned}
F_{\tilde{x}}(x) &= 0 \quad \text{für} \quad x < 0 \quad , \\
F_{\tilde{x}}(x) &= \frac{1}{2}x^2 \quad \text{für} \quad 0 \leq x < 1 \quad , \\
F_{\tilde{x}}(x) &= \frac{1}{2} \quad \text{für} \quad 1 \leq x < 5 \quad , \\
F_{\tilde{x}}(x) &= \int\limits_5^x (y-5)\,dy + F_{\tilde{x}}(1) = \left[-\frac{1}{2}(y-5)^2\right]_5^x + \frac{1}{2} \\
&= \frac{1}{2} + \frac{1}{2}(x-5)^2 \quad \text{für} \quad 5 \leq x < 6 \qquad \text{und} \\
F_{\tilde{x}}(x) &= 1 \quad \text{für} \quad x \geq 6
\end{aligned}$$

und insgesamt

$$F_{\tilde{x}}(x) = \begin{cases} 0 & \text{für} \quad x < 0 \\ \frac{1}{2}x^2 & \text{für} \quad 0 \leq x < 1 \\ \frac{1}{2} & \text{für} \quad 1 \leq x < 5 \\ \frac{1}{2} + \frac{1}{2}(x-5)^2 & \text{für} \quad 5 \leq x < 6 \\ 1 & \text{für} \quad x \geq 6 \end{cases} \quad .$$

Sie ist in Abbildung 1.-7, die Dichtefunktion in Abbildung 1.-8, veranschaulicht.

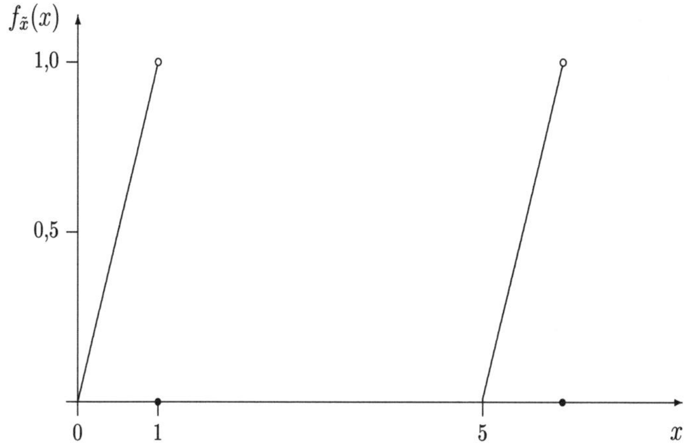

Abbildung 1.-7: Dichtefunktion der Zufallsvariablen gemäß Lösung 1.-14 d)

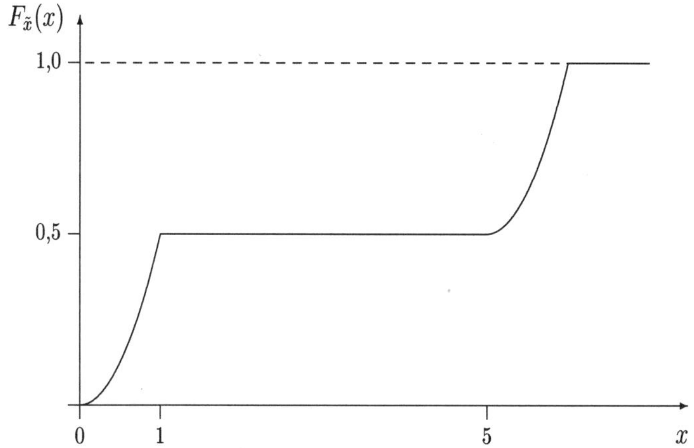

Abbildung 1.-8: Verteilungsfunktion der Zufallsvariablen gemäß Lösung 1.-14 d)

Aufgabe 1.-15: Man gebe die Dichtefunktionen zu den Verteilungsfunktionen

a)

$$F_{\tilde{x}}(x) = \begin{cases} 0 & \text{für} \quad x < 0 \\ x^2 & \text{für} \quad 0 \leq x \leq 1 \\ 1 & \text{sonst} \end{cases}$$

b)

$$F_{\tilde{x}}(x) = \begin{cases} 0 & \text{für} \quad x < 2 \\ (x-2)^3 & \text{für} \quad 2 \le x < 3 \\ 1 & \text{sonst} \end{cases}$$

c)

$$F_{\tilde{x}}(x) = \begin{cases} 0 & \text{für} \quad x < c \\ 1 - \exp\big(-\lambda(x-c)\big) & \text{sonst} \end{cases} \qquad (\lambda > 0)$$

an.

Lösung 1.-15

Durch Differentiation der Verteilungsfunktion in den jeweiligen Abschnitten und ggf. Ergänzung in den Stellen, in welchen keine Differenzierbarkeit vorliegt, erhält man die Dichtefunktionen

a) $f_{\tilde{x}}(x) = \begin{cases} 2x & \text{für} \quad 0 \le x \le 1 \\ 0 & \text{sonst} \end{cases}$

b) $f_{\tilde{x}}(x) = \begin{cases} 3(x-2)^2 & \text{für} \quad 2 \le x < 3 \\ 0 & \text{sonst} \end{cases}$

c) $f_{\tilde{x}}(x) = \begin{cases} \lambda \exp\big(-\lambda(x-c)\big) & \text{für} \quad x \ge c \\ 0 & \text{sonst} \end{cases} \quad .$

1.3. Allgemeine Definitionen und Sätze über eindimensionale Zufallsvariablen

Aufgabe 1.-16: Die Zufallsvariable $\tilde{x}$ sei BERNOULLI-verteilt, habe also die Wahrscheinlichkeitsfunktion

$$f_{\tilde{x}}(x) = \begin{cases} 1-\theta & \text{für} \quad x = 0 \\ \theta & \text{für} \quad x = 1 \\ 0 & \text{sonst} \end{cases} \quad .$$

a) Man berechne die gewöhnlichen Momente γ_k von $\tilde{x}$.

b) Man berechne die zentralen Momente μ_2, μ_3 und μ_4.

Lösung 1.-16

a) Definitionsgemäß gilt mit $f_{\tilde{x}}(x) = 1 - \theta$ für $x = 0$ und $f_{\tilde{x}}(x) = \theta$ für $x = 1$

$$\gamma_k = \mathrm{E}\,\tilde{x}^k = 0^k(1-\theta) + 1^k \cdot \theta = \theta \quad .$$

b) Für die zentralen Momente erhält man mit $\mathrm{E}\,\tilde{x} = \theta$

$$\begin{aligned}
\mu_2 &= \mathrm{E}\,(\tilde{x}-\theta)^2 = (-\theta)^2 \cdot (1-\theta) + (1-\theta)^2 \cdot \theta \\
&= \theta(1-\theta) \\
\mu_3 &= \mathrm{E}\,(\tilde{x}-\theta)^3 = (-\theta)^3 \cdot (1-\theta) + (1-\theta)^3 \cdot \theta \\
&= \theta(1-\theta)(1-2\theta) \\
\mu_4 &= \mathrm{E}\,(\tilde{x}-\theta)^4 = (-\theta)^4 \cdot (1-\theta) + (1-\theta)^4 \cdot \theta \\
&= \theta(1-\theta)(1-3\theta+3\theta^2) \quad .
\end{aligned}$$

Aufgabe 1.-17: Die Zufallsvariable $\tilde{x}$ habe die Wahrscheinlichkeitsfunktion

$$f_{\tilde{x}}(x) = \begin{cases} 0{,}2 & \text{für} \quad x_1 = -1 \\ 0{,}5 & \text{für} \quad x_2 = 0 \\ 0{,}3 & \text{für} \quad x_3 = 4 \\ 0 & \text{sonst} \end{cases} \quad .$$

Man berechne die ersten vier gewöhnlichen, absoluten und zentralen Momente.

Lösung 1.-17

Für die Zufallsvariable $\tilde{x}$ mit der Wahrscheinlichkeitsfunktion

$$f_{\tilde{x}}(x) = \begin{cases} 0{,}2 & \text{für} \quad x_1 = -1 \\ 0{,}5 & \text{für} \quad x_2 = 0 \\ 0{,}3 & \text{für} \quad x_3 = 4 \\ 0 & \text{sonst} \end{cases}$$

berechnet man
die gewöhnlichen Momente

$$\begin{aligned}
\gamma_1 &= \mathrm{E}\,\tilde{x} = (-1) \cdot 0{,}2 + 0 + 4 \cdot 0{,}3 = 1{,}0 \\
\gamma_2 &= \mathrm{E}\,\tilde{x}^2 = (-1)^2 \cdot 0{,}2 + 0 + 4^2 \cdot 0{,}3 = 5{,}0
\end{aligned}$$

$$\begin{aligned}\gamma_3 &= \mathrm{E}\,\tilde{x}^3 = (-1)^3 \cdot 0{,}2 + 0 + 4^3 \cdot 0{,}3 = 19{,}0\\ \gamma_4 &= \mathrm{E}\,\tilde{x}^4 = (-1)^4 \cdot 0{,}2 + 0 + 4^4 \cdot 0{,}3 = 77{,}0 \quad ,\end{aligned}$$

die absoluten Momente

$$\begin{aligned}\alpha_1 &= \mathrm{E}\,|\tilde{x}| = 1 \cdot 0{,}2 + 4 \cdot 0{,}3 = 1{,}4\\ \alpha_2 &= \gamma_2 = 5{,}0\\ \alpha_3 &= \mathrm{E}\,|\tilde{x}|^3 = 1^3 \cdot 0{,}2 + 4^3 \cdot 0{,}3 = 19{,}4\\ \alpha_4 &= \gamma_4 = 77{,}0 \quad ,\end{aligned}$$

sowie die zentralen Momente

$$\begin{aligned}\mu_1 &= \mathrm{E}\,(\tilde{x} - \mathrm{E}\,\tilde{x}) = 0\\ \mu_2 &= \operatorname{var}\tilde{x} = \gamma_2 - \gamma_1^2 = 5{,}0 - 1{,}0 = 4{,}0\\ \mu_3 &= \mathrm{E}\,(\tilde{x} - 1{,}0)^3 = \mathrm{E}\,(\tilde{x}^3 - 3\tilde{x}^2 + 3\tilde{x} - 1)\\ &= \gamma_3 - 3\gamma_2 + 3\gamma_1 - 1 = 6{,}0\\ \mu_4 &= \mathrm{E}\,(\tilde{x} - 1{,}0)^4 = \mathrm{E}\,(\tilde{x}^4 - 4\tilde{x}^3 + 6\tilde{x}^2 - 4\tilde{x} + 1)\\ &= \gamma_4 - 4\gamma_3 + 6\gamma_2 - 4\gamma_1 + 1 = 28{,}0 \quad .\end{aligned}$$

Aufgabe 1.-18: Die Zufallsvariable $\tilde{x}$ sei geometrisch verteilt mit Parameter θ, habe also (vgl. Aufgabe 1.-12 b)) die Wahrscheinlichkeitsfunktion

$$f_{\tilde{x}}(x) = \begin{cases}\theta(1-\theta)^{x-1} & \text{für} \quad x = 1, 2, \ldots\\ 0 & \text{sonst}\end{cases} \quad .$$

Man berechne $\mathrm{E}\,\tilde{x}$.

Lösung 1.-18

Man berechnet $\mathrm{E}\,\tilde{x}$ unter Verwendung der Summenformel für die unendliche geometrische Reihe wie folgt:

$$\mathrm{E}\,\tilde{x} = \sum_{x=1}^{\infty} x\theta(1-\theta)^{x-1}$$

$$\begin{aligned}
&= \theta + \theta(1-\theta) + \theta(1-\theta)^2 + \dots \\
&\qquad + \theta(1-\theta) + \theta(1-\theta)^2 + \dots \\
&\qquad\qquad + \theta(1-\theta)^2 + \dots \\
&\qquad\qquad\qquad \ddots \\
&= \theta\sum_{x=0}^{\infty}(1-\theta)^x + \theta(1-\theta)\sum_{x=0}^{\infty}(1-\theta)^x + \theta(1-\theta)^2\sum_{x=0}^{\infty}(1-\theta)^x + \dots \\
&= \frac{\theta}{1-(1-\theta)} + \frac{\theta(1-\theta)}{1-(1-\theta)} + \frac{\theta(1-\theta)^2}{1-(1-\theta)} + \dots \\
&= 1 + (1-\theta) + (1-\theta)^2 + \dots \\
&= \frac{1}{\theta} \quad .
\end{aligned}$$

Aufgabe 1.-19: Die Zufallsvariable $\tilde{x}$ sei exponentialverteilt mit Parameter λ ($\lambda > 0$), habe also die Dichtefunktion

$$f_{\tilde{x}}(x) = \begin{cases} \lambda e^{-\lambda x} & \text{für} \quad x > 0 \\ 0 & \text{sonst} \end{cases}$$

(vgl. Aufgabe 1.-15 c), Spezialfall $c = 0$). Man zeige, dass allgemein

$$\gamma_k = \frac{k!}{\lambda^k}$$

($k = 1, 2, \dots$) gilt, und berechne $\operatorname{var}\tilde{x}$.

Lösung 1.-19

Man führt den Beweis mittels vollständiger Induktion nach k. Für $k = 1$ (Induktionsanfang) erhält man mittels partieller Integration

$$\begin{aligned}
\gamma_1 &= \mathrm{E}\,\tilde{x} = \int_0^{\infty} x\lambda e^{-\lambda x}\,dx \\
&= \left[-x e^{-\lambda x}\right]_0^{\infty} + \int_0^{\infty} e^{-\lambda x}\,dx \\
&= 0 + \left[-\frac{1}{\lambda}e^{-\lambda x}\right]_0^{\infty} = \frac{1}{\lambda} \quad ;
\end{aligned}$$

die Behauptung ist also zutreffend. Man setzt (Induktionsvoraussetzung) die Behauptung für allgemeines k als richtig voraus und erhält für $k+1$

$$\begin{aligned}\gamma_{k+1} &= \int_0^\infty x^{k+1}\lambda \mathrm{e}^{-\lambda x}\,dx \\ &= \left[-x^{k+1}\mathrm{e}^{-\lambda x}\right]_0^\infty + \int_0^\infty (k+1)x^k \mathrm{e}^{-\lambda x}\,dx \\ &= 0 + (k+1)\cdot\frac{\mathrm{E}\,\tilde{x}^k}{\lambda} = \frac{(k+1)!}{\lambda^{k+1}}\end{aligned}$$

(Induktionsschluss); die Behauptung ist damit bewiesen. Weiter erhält man

$$\operatorname{var}\tilde{x} = \gamma_2 - \gamma_1^2 = \frac{2}{\lambda^2} - \frac{1}{\lambda^2} = \frac{1}{\lambda^2} \quad .$$

Aufgabe 1.-20: Man zeige: Ist die Dichtefunktion einer stetigen Zufallsvariablen $\tilde{x}$ symmetrisch zur Geraden $x_0 = c$, dann ist $\mathrm{E}\,\tilde{x} = c$ und $\mu_3 = 0$.

Lösung 1.-20

Eine Dichtefunktion $f_{\tilde{x}}(x)$ heißt symmetrisch zur Geraden $x_0 = c$, wenn für alle $x' \in \mathbb{R}$

$$f_{\tilde{x}}(c + x') = f_{\tilde{x}}(c - x')$$

gilt. Der Beweis der Behauptung $\mathrm{E}\,\tilde{x} = c$, falls $\tilde{x}$ symmetrisch zur Geraden $x_0 = c$ verteilt ist, wird mittels Integration durch Substitution geführt. In

$$\mathrm{E}\,\tilde{x} = \int_{-\infty}^{\infty} x f(x)\,dx = \int_{-\infty}^{c} x f(x)\,dx + \int_{c}^{\infty} x f(x)\,dx$$

substituiert man $x = c - x'$, also $dx = -dx'$ (erstes Integral) und $x = c + x'$, also $dx = dx'$ (zweites Integral).
Damit ergibt sich

$$\begin{aligned}\mathrm{E}\,\tilde{x} &= -\int_{\infty}^{0} (c - x')f(c - x')\,dx' + \int_0^{+\infty} (c + x')f(c + x')\,dx' \\ &= \int_0^{+\infty} cf(c - x')\,dx' - \int_0^{+\infty} x'f(c - x')\,dx' +\end{aligned}$$

$$\int_0^{+\infty} cf(c+x')\,dx' + \int_0^{+\infty} x'f(c+x')\,dx'$$

$$= 2c\int_0^{+\infty} f(c+x')\,dx'$$

und mit $x = c - x'$

$$\mathrm{E}\,\tilde{x} = 2c\int_c^{+\infty} f(x)\,dx = 2c\,(1 - F_{\tilde{x}}(c)) = 2c\cdot\frac{1}{2} = c \quad .$$

Für das dritte zentrale Moment erhält man

$$\begin{aligned}\mu_3 &= \int_{-\infty}^{+\infty} (x - \mathrm{E}\,\tilde{x})^3 f_{\tilde{x}}(x)\,dx \\ &= \int_{-\infty}^{c} (x-c)^3 f_{\tilde{x}}(x)\,dx + \int_{c}^{+\infty} (x-c)^3 f_{\tilde{x}}(x)\,dx \quad .\end{aligned}$$

Man substituiert hier $x = c + x'$, also $dx = dx'$ (erstes Integral) und $x = c - x'$, also $dx = -dx'$ (zweites Integral). Damit ergibt sich

$$\begin{aligned}\mu_3 &= \int_{-\infty}^{0} x'^3 f_{\tilde{x}}(c+x')\,dx' + \int_{0}^{-\infty} -x'^3 f_{\tilde{x}}(c-x')(-1)\,dx' \\ &= \int_{-\infty}^{0} x'^3 f_{\tilde{x}}(c+x')\,dx' - \int_{-\infty}^{0} x'^3 f_{\tilde{x}}(c+x')\,dx' = 0 \quad .\end{aligned}$$

Aufgabe 1.-21: Die Zufallsvariable $\tilde{x}$ sei im Intervall $(a, b]$ stetig rechtecksverteilt $(a < b)$. Man berechne die zentralen Momente μ_2 und μ_3.

Lösung 1.-21

Die Dichtefunktion der im Intervall $(a, b]$ mit $a < b$ stetig rechtecksverteilten Zufallsvariablen $\tilde{x}$ ist

$$f_{\tilde{x}}(x) = \begin{cases} \dfrac{1}{b-a} & \text{für} \quad a < x \le b \\ 0 & \text{sonst} \end{cases} \quad .$$

Die Existenz der Momente ist gesichert, da der Wertebereich der Zufallsvariablen beschränkt ist. Unter Verwendung von $\mathrm{E}\,\tilde{x} = (a+b)/2$ (vgl. Aufgabe 1.-20) errechnet man

$$\begin{aligned}
\mu_2 &= \mathrm{E}\,(\tilde{x} - \mathrm{E}\,\tilde{x})^2 = \int_a^b \left[x - \frac{1}{2}(a+b)\right]^2 \cdot \frac{1}{b-a}\,dx \\
&= \left[\frac{1}{3\,(b-a)} \cdot \left(x - \frac{1}{2}(a+b)\right)^3\right]_{x=a}^{x=b} \\
&= \frac{1}{3\,(b-a)}\left[\left(b - \frac{1}{2}(a+b)\right)^3 - \left(a - \frac{1}{2}(a+b)\right)^3\right] \\
&= \frac{1}{3\,(b-a)}\left[\left(\frac{b-a}{2}\right)^3 - \left(\frac{a-b}{2}\right)^3\right] \\
&= \frac{1}{24(b-a)}\left[(b-a)^3 + (b-a)^3\right] \\
&= \frac{1}{12}(b-a)^2 \quad ;
\end{aligned}$$

$\mu_3 = 0$ ergibt sich unmittelbar aus der Symmetrie der Rechtecksverteilung (vgl. Aufgabe 1.-20).

Aufgabe 1.-22: Die Zufallsvariable $\tilde{z}$ sei standardnormalverteilt. Man zeige, dass

a) $\mu_{2k+1} = 0 \quad$ für $\quad k = 0, 1, \ldots$

b) $\mu_{2k} = \prod_{i=1}^{k}(2k - 2i + 1) \quad$ für $\quad k = 1, 2, \ldots$

gilt.

Lösung 1.-22

Die Existenz der Momente von $\tilde{z}$ kann bei der Standardnormalverteilung vorausgesetzt werden. Ihre Dichtefunktion ist

$$\varphi_{\tilde{z}}(z) = \frac{1}{\sqrt{2\pi}} \cdot \exp\left(-\frac{z^2}{2}\right) \quad .$$

a) Für $k = 0, 1, \ldots$ ist zunächst

$$\mu_{2k+1} = \int_{-\infty}^{\infty} z^{2k+1} \cdot \frac{1}{\sqrt{2\pi}} \cdot \exp\left(-\frac{z^2}{2}\right) dz$$

$$= \frac{1}{\sqrt{2\pi}} \left(\int_{-\infty}^{0} z_1^{2k+1} \cdot \exp\left(-\frac{z_1^2}{2}\right) dz_1 + \int_{0}^{\infty} z_2^{2k+1} \cdot \exp\left(-\frac{z_2^2}{2}\right) dz_2 \right) .$$

Mit der Substitution $z_2 = -z_1$ und damit $dz_2 = -dz_1$ erhält man

$$\begin{aligned} \mu_{2k+1} &= \frac{1}{\sqrt{2\pi}} \left(\int_{-\infty}^{0} z_1^{2k+1} \cdot \exp\left(-\frac{z_1^2}{2}\right) dz_1 + \int_{0}^{-\infty} -z_1^{2k+1} \cdot \exp\left(-\frac{z_1^2}{2}\right) (-dz_1) \right) \\ &= \frac{1}{\sqrt{2\pi}} \left(\int_{-\infty}^{0} z_1^{2k+1} \cdot \exp\left(-\frac{z_1^2}{2}\right) dz_1 - \int_{-\infty}^{0} z_1^{2k+1} \cdot \exp\left(-\frac{z_1^2}{2}\right) dz_1 \right) = 0 \quad . \end{aligned}$$

b) Dieser Beweis wird mittels vollständiger Induktion nach k geführt. Zunächst gilt für $k = 1$ (Induktionsanfang)

$$\mu_2 = \int_{-\infty}^{\infty} (z-0)^2 \varphi_{\tilde{z}}(z)\, dz = \sigma_{\tilde{z}}^2 = 1$$

(vgl. a)).

Man setzt (Induktionsvoraussetzung) voraus, dass

$$\mu_{2k} = \prod_{i=1}^{k} (2k - 2i + 1) = (2k-1) \cdot (2k-3) \cdot \dots \cdot 3 \cdot 1$$

richtig ist. Mittels partieller Integration mit $dv/dz = z^{2k}$ und $u = \exp\left(-\frac{z^2}{2}\right)$ erhält man

$$\begin{aligned} \mu_{2k} &= \frac{1}{\sqrt{2\pi}} \int_{-\infty}^{\infty} z^{2k} \cdot \exp\left(-\frac{z^2}{2}\right) dz \\ &= \frac{1}{\sqrt{2\pi}} \left(\left[\frac{z^{2k+1}}{2k+1} \cdot \exp\left(-\frac{z^2}{2}\right) \right]_{z=-\infty}^{z=\infty} - \int_{-\infty}^{\infty} \frac{z^{2k+1}}{2k+1} \cdot (-z) \cdot \exp\left(-\frac{z^2}{2}\right) dz \right) \\ &= \frac{1}{\sqrt{2\pi}} \left(0 + \frac{1}{2k+1} \int_{-\infty}^{\infty} z^{2k+2} \cdot \exp\left(-\frac{z^2}{2}\right) dz \right) \end{aligned}$$

$$= \frac{1}{2k+1} \int_{-\infty}^{\infty} z^{2k+2} \cdot \frac{1}{\sqrt{2\pi}} \cdot \exp\left(-\frac{z^2}{2}\right) dz$$

$$= \frac{1}{2k+1} \cdot \mu_{2k+2}$$

(Induktionsschluss). Hieraus resultiert

$$\mu_{2k+2} = (2k+1) \cdot \mu_{2k} \quad .$$

Unter Berücksichtigung der Induktionsvoraussetzung ergibt sich schließlich

$$\mu_{2k+2} = (2k+1) \cdot \prod_{i=1}^{k} (2k - 2i + 1) = \prod_{i=1}^{k+1} [2(k+1) - 2i + 1] \quad .$$

Aufgabe 1.-23: Eine Zufallsvariable $\tilde{x}$ habe die Dichtefunktion (CAUCHY-Verteilung)

$$f_{\tilde{x}}(x) = \frac{1}{\pi} \cdot \frac{1}{1+x^2} \quad .$$

Man zeige, dass für jedes $a > 0$ zwar

$$\int_{-a}^{a} x f_{\tilde{x}}(x) dx = 0$$

ist, jedoch die Momente dieser Verteilung nicht existieren.

Lösung 1.-23

Bei der Beweisführung ist eine zum Ursprung punktsymmetrische Funktion von Bedeutung. Eine Funktion $f(x)$ heißt zum Ursprung punktsymmetrisch, falls für alle $x \in \mathbb{R}$ $f(-x) = -f(x)$ gilt. Für solche Funktionen gilt

$$\int_{-a}^{a} f(x)\, dx = 0 \quad .$$

Dies ist wie folgt nachzuweisen: Zunächst gilt

$$\int_{-a}^{a} f(x)\, dx = \int_{-a}^{0} f(x)\, dx + \int_{0}^{a} f(x)\, dx \quad .$$

Substituiert man beim ersten Integral $x = -y$, also $dx = -dy$, so ergibt sich

$$\begin{aligned}\int_{-a}^{a} f(x)\,dx &= \int_{a}^{0} -f(-y)\,dy + \int_{0}^{a} f(x)\,dx \\ &= -\int_{0}^{a} -f(-y)\,dy + \int_{0}^{a} f(x)\,dx \\ &= -\int_{0}^{a} f(y)\,dy + \int_{0}^{a} f(x)\,dx = 0 \quad .\end{aligned}$$

Wie man leicht nachprüft, ist die Funktion

$$x f_{\tilde{x}}(x) = \frac{1}{\pi}\frac{x}{1+x^2}$$

punktsymmetrisch zum Ursprung. Also gilt für jedes $a > 0$

$$\int_{-a}^{a} \frac{1}{\pi}\frac{x}{1+x^2}\,dx = 0 \quad .$$

Das erste Moment der CAUCHY-Verteilung existiert jedoch nicht, da

$$\mathrm{E}\,|\tilde{x}| = \int_{-\infty}^{\infty} |x|\frac{1}{\pi(1+x^2)}\,dx \not< \infty$$

ist. Dies zeigt man mit der Substitution: $1 + x^2 = u$, also $x\,dx = du/2$. Damit erhält man

$$\begin{aligned}\int_{0}^{\infty} |x|\frac{1}{\pi(1+x^2)}\,dx &= \frac{1}{2\pi}\int_{1}^{\infty} \frac{1}{u}\,du \\ &= \frac{1}{2\pi}\Big[\ln u\Big]_1^{\infty} \not< \infty \quad .\end{aligned}$$

Es existieren folglich auch keine Momente höherer Ordnung.

Aufgabe 1.-24: Von einer stetigen Zufallsvariablen $\tilde{x}$ sei bekannt, dass sie den Erwartungswert $\mathrm{E}\,\tilde{x} = 12$ besitzt und nur nichtnegative Werte annimmt. Man gebe Abschätzungen für die Wahrscheinlichkeiten $W(\tilde{x} < 18)$, $W(\tilde{x} \geq 10)$ und $W(-10 < \tilde{x} < 20)$ an.

Lösung 1.-24

Mit den Informationen, $\tilde{x}$ sei nichtnegativ und es gelte $\mathrm{E}\,\tilde{x} = 12$, können die Abschätzungen mit Hilfe der MARKOVschen Ungleichung wie folgt ermittelt werden:

$$W(\tilde{x} < 18) = 1 - W(\tilde{x} \geq 18) \geq 1 - \frac{12}{18} = \frac{1}{3}$$

$$W(\tilde{x} \geq 10) \leq \frac{12}{10} = 1{,}2 \quad \text{(triviales Resultat)}$$

$$W(-10 < \tilde{x} < 20) = W(\tilde{x} < 20) = 1 - W(\tilde{x} \geq 20) \geq 1 - \frac{12}{20} = 0{,}4$$

Aufgabe 1.-25: Vgl. Aufgabe 1.-24. Zusätzlich sei nun bekannt geworden, dass $\operatorname{var}\tilde{x} = 12$ gilt. Man ermittle erneut Abschätzungen für die in Aufgabe 1.-24 genannten Wahrscheinlichkeiten und vergleiche mit den dortigen Ergebnissen.

Lösung 1.-25

Da die zusätzliche Information $\operatorname{var}\tilde{x} = 12$ zur Verfügung steht, kann nun die Ungleichung von TSCHEBYSCHEV verwendet werden. Mit ihr ergeben sich die folgenden Abschätzungen:

$$\begin{aligned} W(\tilde{x} < 18) &= W(0 \leq \tilde{x} < 18) \\ &\geq W(|\tilde{x} - 9| < 9) \\ &\geq 1 - \frac{12 + (12-9)^2}{9^2} = \frac{20}{27} \approx 0{,}74 \quad . \end{aligned}$$

Man erhält eine bessere Abschätzung als in Aufgabe 1.-24.

$$\begin{aligned} W(\tilde{x} \geq 10) &= 1 - W(0 \leq \tilde{x} < 10) \\ &\leq 1 - W(|\tilde{x} - 5| < 5) \\ &\leq \frac{12 + (12-5)^2}{5^2} = 2{,}44 \quad \text{(triviales Resultat).} \end{aligned}$$

Es resultiert wie in Aufgabe 1.-24 eine triviale Abschätzung.

$$\begin{aligned} W(-10 < \tilde{x} < 20) &= W(0 \leq \tilde{x} < 20) \\ &\geq W(|\tilde{x} - 10| < 10) \\ &\geq 1 - \frac{12 + (12 - 10)^2}{10^2} = 0{,}84 \quad . \end{aligned}$$

Man erhält eine bessere Abschätzung als in Aufgabe 1.-24.

Aufgabe 1.-26: Von einer nichtnegativen Zufallsvariablen $\tilde{y}$ sind Erwartungswert und Varianz bekannt.

a) Man zeige, dass für $c, y^* \in \mathbb{R}$ mit $y^* > 2c$ und $y^* > c$ die Beziehung

$$W(\tilde{y} \geq y^*) = W\big(|\tilde{y} - c| \geq y^* - c\big)$$

gilt.

b) Man zeige, dass für

$$c_{\text{opt}} = \mathrm{E}\,\tilde{y} - \frac{\operatorname{var}\tilde{y}}{y^* - \mathrm{E}\,\tilde{y}}$$

die Abschätzung aus der Ungleichung von TSCHEBYSCHEV am schärfsten ist. Dazu minimiere man die rechte Seite der Ungleichung bezüglich c. Ferner zeige man, dass unter Verwendung des zuvor ermittelten Wertes für c_{opt} aus der Ungleichung von TSCHEBYSCHEV die Ungleichung

$$W(\tilde{y} \geq y^*) \leq \frac{\operatorname{var}\tilde{y}}{\operatorname{var}\tilde{y} + \big(y^* - \mathrm{E}\,\tilde{y}\big)^2}$$

resultiert.

c) Man zeige, dass für

$$y^* > \mathrm{E}\,\tilde{y} + \frac{\operatorname{var}\tilde{y}}{\mathrm{E}\,\tilde{y}}$$

die Abschätzung gemäß Teilaufgabe b) schärfer und für

$$\mathrm{E}\,\tilde{y} \leq y^* \leq \mathrm{E}\,\tilde{y} + \frac{\operatorname{var}\tilde{y}}{\mathrm{E}\,\tilde{y}}$$

weniger scharf als die Ungleichung von MARKOV ist.

Lösung 1.-26

a) Aus $y^* > c$ folgt

$$\begin{aligned} W(|\tilde{y} - c| \geq y^* - c) &= W(\tilde{y} \geq y^* \vee \tilde{y} \leq 2c - y^*) \\ &= W(\tilde{y} \geq y^*) + W(\tilde{y} \leq 2c - y^*) \quad . \end{aligned}$$

Ist nun $2c < y^*$, dann folgt aus der Nichtnegativität der Zufallsvariablen $\tilde{y}$ $W(\tilde{y} \leq 2c - y^*) = 0$. Damit ist die Behauptung bewiesen.

b) Zu ermitteln ist die Lösung der Gleichung

$$\frac{\partial \left(\dfrac{\operatorname{var}\tilde{y} + (\operatorname{E}\tilde{y} - c)^2}{(y^* - c)^2} \right)}{\partial c} = \frac{-2(\operatorname{E}\tilde{y} - c)(y^* - c)^2 + 2(y^* - c)(\operatorname{var}\tilde{y} + (\operatorname{E}\tilde{y} - c)^2)}{(y^* - c)^4} = 0 \quad .$$

Man erhält nach weiteren Umformungen

$$\operatorname{var}\tilde{y} + (\operatorname{E}\tilde{y} - c)^2 = (\operatorname{E}\tilde{y} - c)(y^* - c)$$

sowie

$$\operatorname{var}\tilde{y} + (\operatorname{E}\tilde{y})^2 - 2c\operatorname{E}\tilde{y} = \operatorname{E}\tilde{y}y^* - (\operatorname{E}\tilde{y} + y^*)c$$

und

$$c(y^* - \operatorname{E}\tilde{y}) = \operatorname{E}\tilde{y}(y^* - \operatorname{E}\tilde{y}) - \operatorname{var}\tilde{y} \quad .$$

Es folgt schließlich die Lösung

$$c_{\text{opt}} = \operatorname{E}\tilde{y} - \frac{\operatorname{var}\tilde{y}}{y^* - \operatorname{E}\tilde{y}} \quad .$$

Setzt man die Lösung in die Ungleichung von TSCHEBYSCHEV ein, dann erhält man

$$W(\tilde{y} \geq y^*) \leq \frac{\operatorname{var}\tilde{y} + \left(\dfrac{\operatorname{var}\tilde{y}}{y^* - \operatorname{E}\tilde{y}} \right)^2}{\left(y^* - \operatorname{E}\tilde{y} + \dfrac{\operatorname{var}\tilde{y}}{y^* - \operatorname{E}\tilde{y}} \right)^2} = \frac{\operatorname{var}\tilde{y} \cdot (y^* - \operatorname{E}\tilde{y})^2 + \operatorname{var}\tilde{y}^2}{\left((y^* - \operatorname{E}\tilde{y})^2 + \operatorname{var}\tilde{y}\right)^2} = \frac{\operatorname{var}\tilde{y}}{(y^* - \operatorname{E}\tilde{y})^2 + \operatorname{var}\tilde{y}} \quad .$$

Da c_{opt} eine eindeutige Lösung der voranstehenden Gleichung ist und die Ableitung für $c > y^*$ zunächst negativ ist, findet in der Ableitung ein Vorzeichenwechsel von minus nach plus statt und somit liegt ein Minimum vor.

c) Zu vergleichen sind die Abschätzungen gemäß b) und gemäß MARKOVscher Abschätzung. Die Abschätzung gemäß b) ist genau dann schärfer als die Abschätzung nach MARKOV, wenn

$$\frac{\operatorname{var}\tilde{y}}{(y^* - \operatorname{E}\tilde{y})^2 + \operatorname{var}\tilde{y}} < \frac{\operatorname{E}\tilde{y}}{y^*}$$

gilt. Aus dieser Ungleichung resultiert

$$\operatorname{var}\tilde{y} \cdot (y^* - \operatorname{E}\tilde{y}) < (y^* - \operatorname{E}\tilde{y})^2 \cdot \operatorname{E}\tilde{y}$$

und mit $y^* > \operatorname{E}\tilde{y}$

$$y^* \geq \frac{\operatorname{var}\tilde{y}}{\operatorname{E}\tilde{y}} + \operatorname{E}\tilde{y} \quad .$$

Der Fall $y^* \leq \operatorname{E}\tilde{y}$ liefert nur eine triviale Abschätzung.

Aufgabe 1.-27: Man ermittle den Median bzw. die Menge der Mediane der Zufallsvariablen mit den Dichte- bzw. Wahrscheinlichkeitsfunktionen

a)

$$f_{\tilde{x}}(x) = \begin{cases} x & \text{für} \quad 0 \leq x < 1 \\ \frac{1}{4}(3-x) & \text{für} \quad 1 \leq x < 3 \\ 0 & \text{sonst} \end{cases}$$

(vgl. Aufgabe 1.-14)

b)

$$f_{\tilde{x}}(x) = \begin{cases} \frac{1}{2}x & \text{für} \quad 0 \leq x < 2 \\ 0 & \text{sonst} \end{cases}$$

c)

$$f_{\tilde{x}}(x) = \begin{cases} \lambda \exp(-\lambda(x-c)) & \text{für} \quad x \geq c \\ 0 & \text{sonst} \end{cases}$$

($\lambda > 0$; vgl. Aufgabe 1.-15)

d)

$$f_{\tilde{x}}(x) = \begin{cases} x & \text{für} \quad 0 \leq x < 1 \\ x-5 & \text{für} \quad 5 \leq x < 6 \\ 0 & \text{sonst} \end{cases}$$

(vgl. Aufgabe 1.-14)

e)

$$f_{\tilde{x}}(x) = \begin{cases} 1-\theta & \text{für} \quad x = 0 \\ \theta & \text{für} \quad x = 1 \\ 0 & \text{sonst} \end{cases}$$

(vgl. Aufgabe 1.-16)

f)

$$f_{\tilde{x}}(x) = \begin{cases} 0{,}2 & \text{für} \quad x_1 = -1 \\ 0{,}5 & \text{für} \quad x_2 = 0 \\ 0{,}3 & \text{für} \quad x_3 = 4 \\ 0 & \text{sonst} \end{cases}$$

(vgl. Aufgabe 1.-17)

g)

$$f_{\tilde{x}}(x) = \begin{cases} \theta(1-\theta)^{x-1} & \text{für} \quad x = 1, 2, \ldots \\ 0 & \text{sonst} \end{cases}$$

(vgl. Aufgabe 1.-12 und Aufgabe 1.-16).

Lösung 1.-27

a) Da die Verteilungsfunktion (vgl. Aufgabe 1.-14 b)) genau für $x = 1$ den Wert 0,5 annimmt, gilt $z = 1$.

b) Die Verteilungsfunktion ist im relevanten Bereich

$$F_{\tilde{x}}(x) = \frac{1}{4}x^2 \quad .$$

Aus $F_{\tilde{x}}(z) = 0{,}5$ ergibt sich hier $z = \sqrt{2}$.

c) Im relevanten Bereich ist die Verteilungsfunktion

$$F_{\tilde{x}}(x) = 1 - \exp(-\lambda(x - c))$$

(vgl. Aufgabe 1.-15 c)). $F_{\tilde{x}}(z) = 0{,}5$ liefert hier nach Logarithmierung

$$-\lambda(z - c) = \ln 0{,}5 \quad ,$$

also ist

$$z = c + \frac{1}{\lambda} \ln 2 \quad .$$

d) In diesem Falle ist (vgl. Aufgabe 1.-14 d)) $F_{\tilde{x}}(z) = 0{,}5$ für $1 \leq z \leq 5$; jeder Wert z aus $[1; 5]$ ist daher Median.

e) Ist $\theta < 0{,}5$, dann ist $W(\tilde{x} \leq 0) \geq 0{,}5$ und $W(\tilde{x} \geq 0) \geq 0{,}5$; weitere Zahlen mit diesen Eigenschaften gibt es nicht; $z = 0$ ist der einzige Median. Ist $\theta > 0{,}5$, dann ist $W(\tilde{x} \leq 1) \geq 0{,}5$ und $W(\tilde{x} \geq 1) \geq 0{,}5$; jetzt ist $z = 1$ der einzige Median. Mit $\theta = 0{,}5$ gilt für jedes $z \in [0; 1]$ $W(\tilde{x} \leq z) \geq 0{,}5$ und $W(\tilde{x} \geq z) \geq 0{,}5$; alle Zahlen des Intervalls $[0; 1]$ sind also Mediane.

f) In diesem Falle gilt $W(\tilde{x} \leq 0) \geq 0{,}5$ und $W(\tilde{x} \geq 0) \geq 0{,}5$; weitere Stellen mit dieser Eigenschaft existieren nicht. Also ist $z = 0$ der einzige Median.

g) Die Verteilungsfunktion ist hier (vgl. Aufgabe 1.-12 b))

$$F_{\tilde{x}}(x) = 1 - (1 - \theta)^{[x]} \quad ,$$

soweit $x \geq 1$. Die Gleichung

$$0{,}5 = 1 - (1 - \theta)^{[z]} \quad ,$$

also

$$(1 - \theta)^{[z]} = 0{,}5 \quad ,$$

ist für $\theta = 1 - \sqrt[z]{0{,}5}$ exakt erfüllbar, wie man leicht überprüft (z. B. für $\theta = 0{,}5$; $\theta = 1 - \sqrt{0{,}5}$; $\theta = 1 - \sqrt[3]{0{,}5}$ mit $z = 1; z = 2; z = 3$). In diesen Fällen sind jeweils die Werte z aus den Intervallen $[z; z + 1]$ durch $W(\tilde{x} \leq z) \geq 0{,}5$ und $W(\tilde{x} \geq z) \geq 0{,}5$ gekennzeichnet und sind damit sämtlich Mediane. In allen anderen Fällen ist obige Gleichung nicht exakt erfüllbar. Aber es findet sich immer ein $x' \in \mathbb{N}$ mit $F_{\tilde{x}}(x' - 1) < 0{,}5$ und $F_{\tilde{x}}(x') > 0{,}5$. Dann ist $W(\tilde{x} \leq x') \geq 0{,}5$ und $W(\tilde{x} \geq x') \geq 0{,}5$ und x' die einzige Zahl mit dieser Eigenschaft; $z = x'$ ist also der einzige Median.

Aufgabe 1.-28: Eine stetige Zufallsvariable $\tilde{x}$ sei nichtnegativ und habe den Erwartungswert 10.

a) Man ermittle eine obere Schranke z^* für den Median $z_{\tilde{x}}$ dieser Zufallsvariablen.

b) Man zeige, dass es keine stetige Zufallsvariable $\tilde{u}$ geben kann, welche die beiden angegebenen Eigenschaften von $\tilde{x}$ besitzt und für deren Median $z_{\tilde{u}} > 20$ gilt.

c) Die Zufallsvariable $\tilde{v}$ sei nichtnegativ, habe ebenfalls den Erwartungswert 10 und nehme nur die Werte 0 und v' an. Man zeige, dass für ihren Median, wenn er eindeutig ist, $z_{\tilde{v}} = 0$ oder $10 \leq z_{\tilde{v}} < z^*$ gilt, und untersuche den Spezialfall $v' = z^*$.

Lösung 1.-28

a) Mit der Information, $\tilde{x}$ nehme nur nichtnegative Werte an, habe den Erwartungswert $\mathrm{E}\,\tilde{x} = 10$ und sei stetig, ist die Ungleichung von MARKOV anwendbar und es kann die speziellere Definition des Medians für stetige Verteilungen herangezogen werden. Man erhält

$$W(\tilde{x} \geq z^*) = 0{,}5 \leq \frac{\mathrm{E}\,\tilde{x}}{z^*} = \frac{10}{z^*} \quad ,$$

also $z^* = 20$ als Obergrenze des Medians.

b) Es sei $z_{\tilde{u}} > 20$ vorausgesetzt. Dann ist

$$\begin{aligned} \mathrm{E}\,\tilde{u} &= \int_0^{z_{\tilde{u}}} u f_{\tilde{u}}(u)\,du + \int_{z_{\tilde{u}}}^{\infty} u f_{\tilde{u}}(u)\,du \\ &> 0 + \int_{z_{\tilde{u}}}^{\infty} 20 f_{\tilde{u}}(u)\,du = 20 \cdot 0{,}5 = 10 \quad ; \end{aligned}$$

also ist $\mathrm{E}\,\tilde{u} = 10$ nicht möglich.

c) Damit $\mathrm{E}\,\tilde{v} = 10$ ist, muss

$$0 \cdot f_{\tilde{v}}(0) + v' \cdot f_{\tilde{v}}(v') = 10 \quad ,$$

also

$$f_{\tilde{v}}(v') = \frac{10}{v'}$$

sein. Soll $f_{\tilde{v}}(v') \leq 1$ sein, muss $v' \geq 10$ gelten. Für $v' > 20$ ist $f_{\tilde{v}}(v') < 0{,}5$, also 0 der (eindeutige) Median der diskreten Zufallsvariablen $\tilde{v}$. Für $10 \leq v' < 20$ ist $0{,}5 < f_{\tilde{v}}(v') \leq 1$, also v' Median von $\tilde{v}$. Speziell für $v' = 20$ ist $f_{\tilde{v}}(v') = 0{,}5$; also sind alle Zahlen aus $[0; 20]$ Mediane der Zufallsvariablen $\tilde{v}$. Es gibt also insgesamt keine Möglichkeit, $z_{\tilde{v}} > 20$ einzurichten.

1.4. Funktionen eindimensionaler Zufallsvariabler

Aufgabe 1.-29: Die Zufallsvariable $\tilde{x}$ sei exponentialverteilt mit Parameter λ, habe also die Verteilungsfunktion

$$F_{\tilde{x}}(x) = \begin{cases} 0 & \text{für} \quad x \leq 0 \\ 1 - \mathrm{e}^{-\lambda x} & \text{für} \quad x > 0 \end{cases} .$$

Man ermittle die Verteilungsfunktionen der Zufallsvariablen

a) $\tilde{y}_1 = -\tilde{x}^2$

b) $\tilde{y}_2 = \dfrac{1}{\tilde{x}}$

c) $\tilde{y}_3 = \ln \tilde{x}$

d) $\tilde{y}_4 = \mathrm{e}^{\tilde{x}}$

und veranschauliche sie jeweils graphisch.

Lösung 1.-29

Die Verteilungsfunktion der Zufallsvariablen $\tilde{x}$ ist

$$F_{\tilde{x}}(x) = \begin{cases} 0 & \text{für} \quad x \leq 0 \\ 1 - \mathrm{e}^{-\lambda x} & \text{für} \quad x > 0 \end{cases} .$$

a) Der Wertebereich der Zufallsvariablen $\tilde{y}_1 = -\tilde{x}^2$ ist $(-\infty; 0)$. Für die Verteilungsfunktion in diesem Bereich erhält man

$$\begin{aligned} F_{\tilde{y}_1}(y_1) &= W(-\tilde{x}^2 \leq y_1) = W(\tilde{x} \geq \sqrt{-y_1}) \\ &= 1 - W(\tilde{x} \leq \sqrt{-y_1}) \quad ; \end{aligned}$$

dabei wird beachtet, dass die Transformation $\tilde{y}_1 = -\tilde{x}^2$ im Wertebereich von $\tilde{x}$ streng monoton fallend ist. Insgesamt ergibt sich

$$F_{\tilde{y}_1}(y_1) = \begin{cases} \exp(-\lambda\sqrt{-y_1}) & \text{für} \quad y_1 < 0 \\ 1 & \text{sonst} \end{cases} .$$

Beide Funktionen sind in Abbildung 1.-9 veranschaulicht.

b) Der Wertebereich von $\tilde{y}_2 = 1/\tilde{x}$ ist $(0; \infty)$. Für die Verteilungsfunktion in diesem Bereich errechnet man

$$F_{\tilde{y}_2}(y_2) = W\big(\frac{1}{\tilde{x}} \leq y_2\big) = W\big(\tilde{x} \geq \frac{1}{y_2}\big)$$

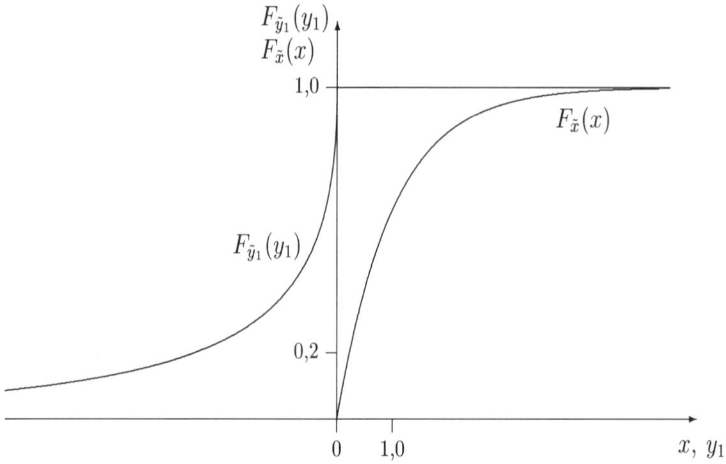

Abbildung 1.-9: Verteilungsfunktionen der mit Parameter $\lambda = 1$ exponentialverteilten Zufallsvariablen $\tilde{x}$ und der Zufallsvariablen $\tilde{y}_1 = -\tilde{x}^2$ gemäß Lösung 1.-29 a)

$$= 1 - W\big(\tilde{x} \leq \frac{1}{y_2}\big) \quad ;$$

auch die Transformation $\tilde{y}_2 = 1/\tilde{x}$ ist im Wertebereich von $\tilde{x}$ streng monoton fallend. Insgesamt erhält man

$$F_{\tilde{y}_2}(y_2) = \begin{cases} 0 & \text{für} \quad y_2 \leq 0 \\ \exp\left(-\dfrac{\lambda}{y_2}\right) & \text{für} \quad y_2 > 0 \end{cases} \quad .$$

c) Der Wertebereich von $\tilde{y}_3 = \ln \tilde{x}$ ist $\mathbb{R}$. Da diese Transformation streng monoton steigend ist, erhält man

$$\begin{aligned} F_{\tilde{y}_3}(y_3) &= W(\ln \tilde{x} \leq y_3) = W(\tilde{x} \leq \mathrm{e}^{y_3}) \\ &= 1 - \exp\left(-\lambda \mathrm{e}^{y_3}\right) \end{aligned}$$

als Verteilungsfunktion für alle $y_3 \in \mathbb{R}$.

d) Der Wertebereich von $\tilde{y}_4 = \mathrm{e}^{\tilde{x}}$ ist $(1; \infty)$; die Transformation ist wiederum streng monoton steigend. Man erhält für den Wertebereich von $\tilde{y}_4$

$$F_{\tilde{y}_4}(y_4) = W(\mathrm{e}^{\tilde{x}} \leq y_4) = W(\tilde{x} \leq \ln y_4)$$

und damit insgesamt

$$F_{\tilde{y}_4}(y_4) = \begin{cases} 0 & \text{für} \quad y_4 \leq 1 \\ 1 - y_4^{-\lambda} & \text{sonst} \end{cases} \quad .$$

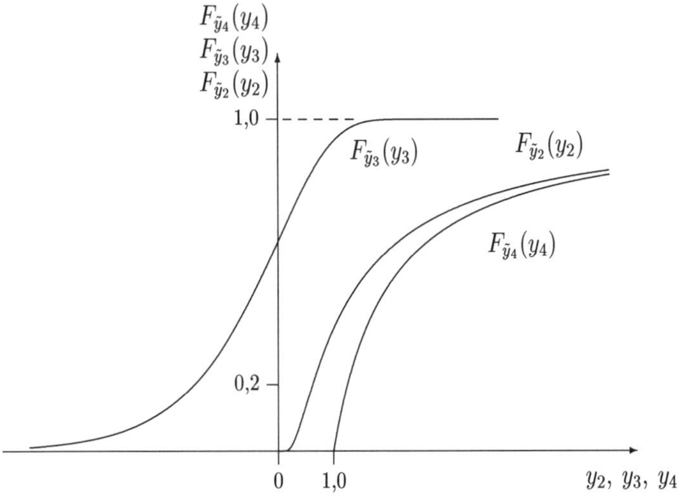

Abbildung 1.-10: Verteilungsfunktionen der Zufallsvariablen $\tilde{y}_2 = 1/\tilde{x}$, $\tilde{y}_3 = \ln \tilde{x}$ und $\tilde{y}_4 = e^{\tilde{x}}$ ($\tilde{x}$ ist exponentialverteilt mit Parameter $\lambda = 1$) gemäß Lösungen 1.-29 b), c) und d)

Die in b), c) und d) ermittelten Verteilungsfunktionen sind in Abbildung 1.-10 veranschaulicht.

Aufgabe 1.-30: Die Zufallsvariable $\tilde{x}$ sei geometrisch verteilt mit Parameter θ, habe also die Verteilungsfunktion

$$F_{\tilde{x}}(x) = \begin{cases} 0 & \text{für } x < 1 \\ 1 - (1-\theta)^{[x]} & \text{sonst} \end{cases} .$$

Man ermittle die Verteilungsfunktionen der in Aufgabe 1.-29 a) bis d) angegebenen Zufallsvariablen und veranschauliche sie jeweils graphisch.

Lösung 1.-30

Die Verteilungsfunktion der Zufallsvariablen $\tilde{x}$ ist

$$F_{\tilde{x}}(x) = \begin{cases} 0 & \text{für } x < 1 \\ 1 - (1-\theta)^{[x]} & \text{sonst} \end{cases} .$$

a) Für die Zufallsvariable $\tilde{y}_1 = -\tilde{x}^2$ ist der Wertebereich durch $\{-1; -4; -9 \ldots\}$ gekennzeichnet. Aus der Lösung zu Aufgabe 1.-29 a) ersieht man, dass hier

$$F_{\tilde{y}_1}(y_1) = 1 - W(\tilde{x} < \sqrt{-y_1}) = 1 - F_{\tilde{x}}(\sqrt{-y_1}) + f_{\tilde{x}}(\sqrt{-y_1})$$

ist, da diskrete Zufallsvariablen vorliegen. Somit ergibt sich insgesamt

$$F_{\tilde{y}_1}(y_1) = \begin{cases} (1-\theta)^{[\sqrt{-y_1}]} + f_{\tilde{x}}(\sqrt{-y_1}) & \text{für } \; y_1 < 0 \\ 1 & \text{sonst} \end{cases} .$$

Die Verteilungsfunktionen von $\tilde{x}$ und $\tilde{y}_1$ sind in Abbildung 1.-11 veranschaulicht.

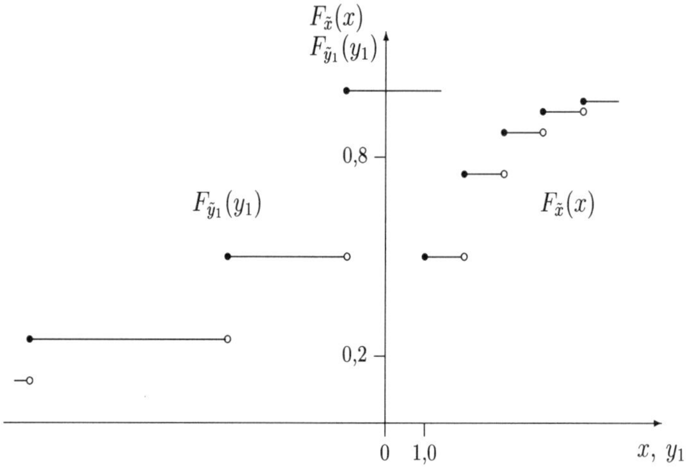

Abbildung 1.-11: Verteilungsfunktionen der mit Parameter $\theta = 0{,}5$ geometrisch verteilten Zufallsvariablen $\tilde{x}$ und der Zufallsvariablen $\tilde{y}_1 = -\tilde{x}^2$ gemäß Lösung 1.-30 a)

b) Der Wertebereich von $\tilde{y}_2 = 1/\tilde{x}$ ist $\left\{1; \frac{1}{2}; \frac{1}{3} \ldots\right\}$. Aus der Lösung zu Aufgabe 1.-29 b) entnimmt man, dass

$$F_{\tilde{y}_2}(y_2) = 1 - W\left(\tilde{x} < \frac{1}{\tilde{y}_2}\right) = 1 - F_{\tilde{x}}\left(\frac{1}{y_2}\right) + f_{\tilde{x}}\left(\frac{1}{y_2}\right)$$

gilt; somit erhält man insgesamt

$$F_{\tilde{y}_2}(y_2) = \begin{cases} 0 & \text{für } \; y_2 \leq 0 \\ (1-\theta)^{\left[\frac{1}{y_2}\right]} + f_{\tilde{x}}\left(\frac{1}{y_2}\right) & \text{für } \; 0 < y_2 \leq 1 \\ 1 & \text{sonst} \end{cases}$$

als Verteilungsfunktion von $\tilde{y}_2$ (vgl. Abbildung 1.-12).

c) Der Wertebereich von $\tilde{y}_3 = \ln \tilde{x}$ ist $\{0; \ln 2; \ln 3; \ldots\}$. Für die Verteilungsfunktion erhält man (vgl. Lösung zu Aufgabe 1.-29 c))

$$F_{\tilde{y}_3}(y_3) = W(\tilde{x} \leq \mathrm{e}^{y_3}) = \begin{cases} 0 & \text{für } \; y_3 < 0 \\ 1 - (1-\theta)^{[\mathrm{e}^{y_3}]} & \text{sonst} \end{cases}$$

(vgl. Abbildung 1.-13).

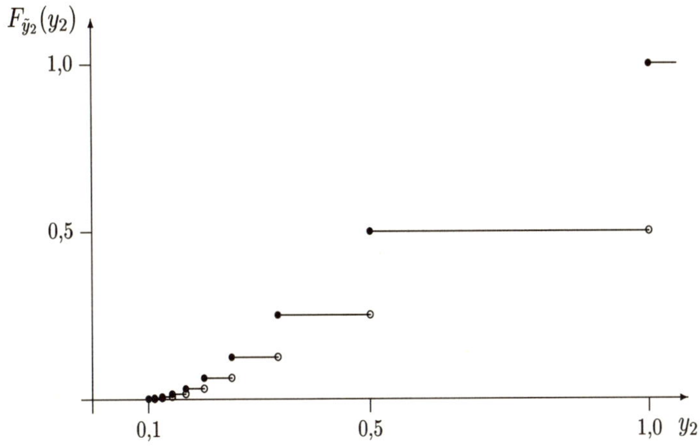

Abbildung 1.-12: Verteilungsfunktion der Zufallsvariablen $\tilde{y}_2 = 1/\tilde{x}$ gemäß Lösung 1.-30 b)

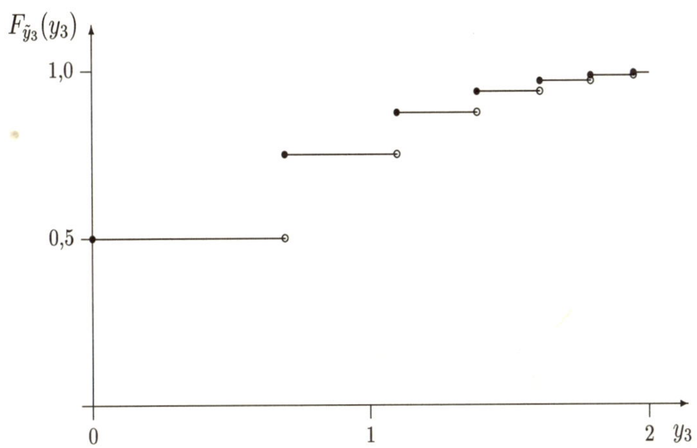

Abbildung 1.-13: Verteilungsfunktion der Zufallsvariablen $\tilde{y}_3 = \ln \tilde{x}$ gemäß Lösung 1.-30 c)

d) Der Wertebereich von $\tilde{y}_4 = e^{\tilde{x}}$ ist $\{e; e^2; \ldots\}$. Mit Hilfe der Resultate aus Aufgabe 1.-29 d) erhält man

$$F_{\tilde{y}_4}(y_4) = W(\tilde{x} \leq \ln y_4) = \begin{cases} 0 & \text{für} \quad y_4 < e \\ 1 - (1-\theta)^{[\ln y_4]} & \text{sonst} \end{cases} .$$

(vgl. Abbildung 1.-14).

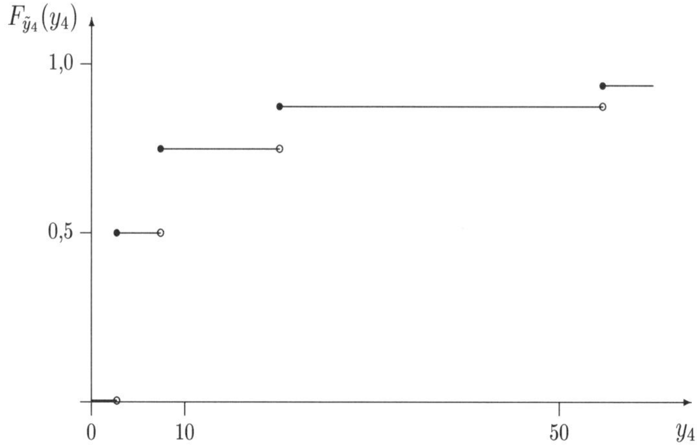

Abbildung 1.-14: Verteilungsfunktion der Zufallsvariablen $\tilde{y}_4 = e^{\tilde{x}}$ gemäß Lösung 1.-30 d)

Aufgabe 1.-31: Siehe Aufgabe 1.-30. Man gehe von der Wahrscheinlichkeitsfunktion der Zufallsvariablen $\tilde{x}$ aus und ermittle die Wahrscheinlichkeitsfunktionen der in Aufgabe 1.-29 a) bis d) angegebenen Zufallsvariablen. Man veranschauliche diese graphisch.

Lösung 1.-31

Die Wahrscheinlichkeitsfunktion der Zufallsvariablen $\tilde{x}$ ist durch

$$f_{\tilde{x}}(x) = \begin{cases} \theta(1-\theta)^{x-1} & \text{für} \quad x = 1, 2, \ldots \\ 0 & \text{sonst} \end{cases}$$

gegeben.

Da jeweils eineindeutige Transformationen vorliegen, ergeben sich Wahrscheinlichkeitsfunktionen und Wahrscheinlichkeitstabellen wie folgt:

a) $\tilde{y}_1 = -\tilde{x}^2$

$$f_{\tilde{y}_1}(y_1) = \begin{cases} \theta(1-\theta)^{\sqrt{-y_1}-1} & \text{für} \quad \sqrt{-y_1} \in \mathbb{N} \\ 0 & \text{sonst} \end{cases} ,$$

also

y_1	...	-9	-4	-1
$f_{\tilde{y}_1}(y_1)$	...	$\theta(1-\theta)^2$	$\theta(1-\theta)$	θ

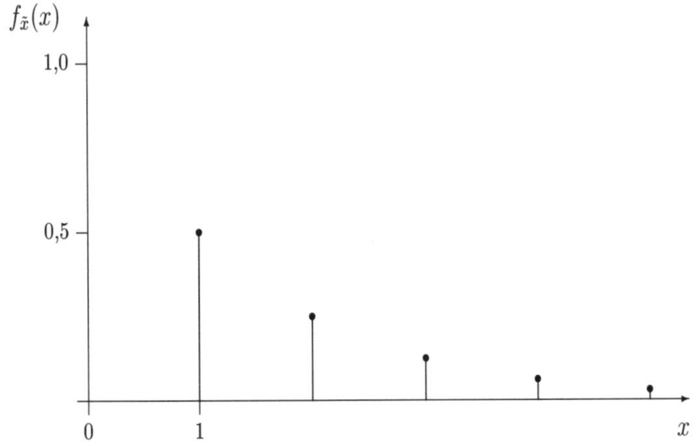

Abbildung 1.-15: Wahrscheinlichkeitsfunktion der geometrisch verteilten Zufallsvariablen $\tilde{x}$ ($\theta = 0{,}5$) in Stabdarstellung

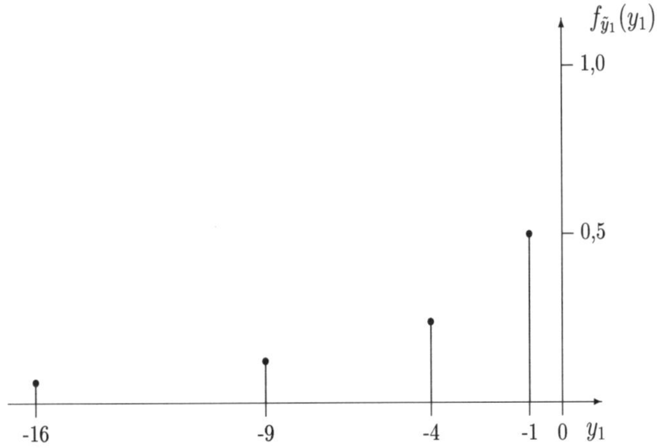

Abbildung 1.-16: Wahrscheinlichkeitsfunktion der Zufallsvariablen $\tilde{y}_1 = -\tilde{x}^2$ ($\theta = 0{,}5$) in Stabdarstellung gemäß Lösung 1.-30 a)

b) $\tilde{y}_2 = \dfrac{1}{\tilde{x}}$

$$f_{\tilde{y}_2}(y_2) = \begin{cases} \theta(1-\theta)^{\frac{1}{y_2}-1} & \text{für } \dfrac{1}{y_2} \in \mathbb{N} \\ 0 & \text{sonst} \end{cases},$$

also

y_2	...	1/3	1/2	1
$f_{\tilde{y}_2}(y_2)$	...	$\theta(1-\theta)^2$	$\theta(1-\theta)$	θ

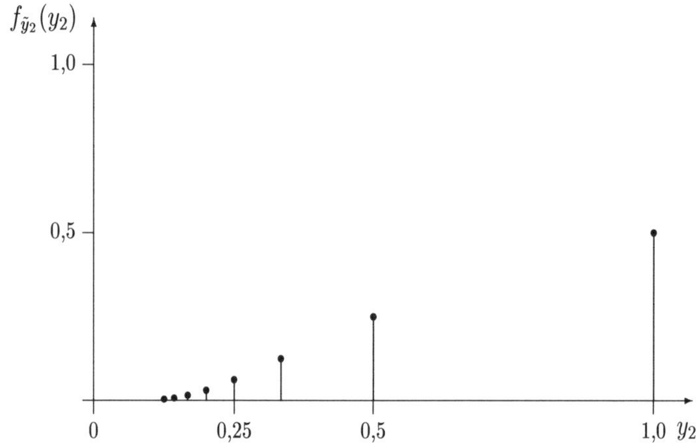

Abbildung 1.-17: Wahrscheinlichkeitsfunktion der Zufallsvariablen $\tilde{y}_2 = 1/x$ ($\theta = 0{,}5$) in Stabdarstellung gemäß Lösung 1.-30 b)

c) $\tilde{y}_3 = \ln \tilde{x}$

$$f_{\tilde{y}_3}(y_3) = \begin{cases} \theta(1-\theta)^{\mathrm{e}^{y_3}-1} & \text{für} \quad \mathrm{e}^{y_3} \in \mathbb{N} \\ 0 & \text{sonst} \end{cases} ,$$

also

y_3	0	ln 2	ln 3	...
$f_{\tilde{y}_3}(y_3)$	θ	$\theta(1-\theta)$	$\theta(1-\theta)^2$	...

d) $\tilde{y}_4 = \mathrm{e}^{\tilde{x}}$

$$f_{\tilde{y}_4}(y_4) = \begin{cases} \theta(1-\theta)^{\ln y_4 - 1} & \text{für} \quad \ln y_4 \in \mathbb{N} \\ 0 & \text{sonst} \end{cases} ,$$

also

y_4	e	e^2	e^3	...
$f_{\tilde{y}_4}(y_4)$	θ	$\theta(1-\theta)$	$\theta(1-\theta)^2$	...

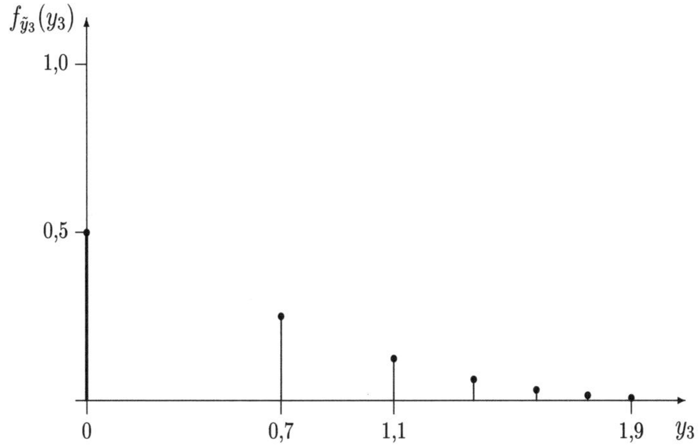

Abbildung 1.-18: Wahrscheinlichkeitsfunktion der Zufallsvariablen $\tilde{y}_3 = \ln \tilde{x}$ ($\theta = 0{,}5$) in Stabdarstellung gemäß Lösung 1.-30 c)

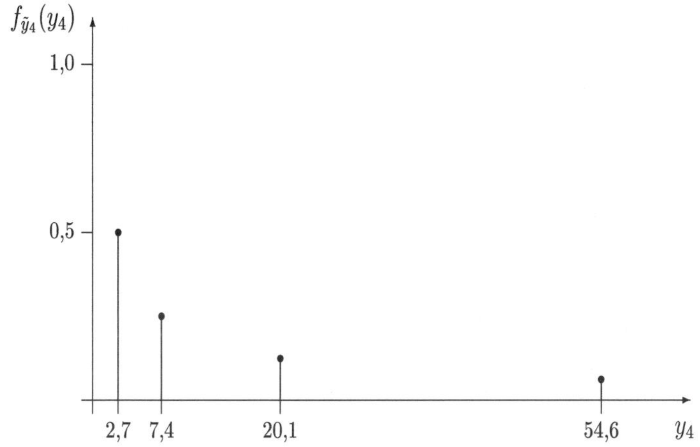

Abbildung 1.-19: Wahrscheinlichkeitsfunktion der Zufallsvariablen $\tilde{y}_4 = e^{\tilde{x}}$ ($\theta = 0{,}5$) in Stabdarstellung gemäß Lösung 1.-30 d)

Aufgabe 1.-32: Siehe Aufgabe 1.-29. Man gehe von der Dichtefunktion der Zufallsvariablen $\tilde{x}$ aus und ermittle die Dichtefunktionen der in a) bis d) angegebenen Zufallsvariablen. Man veranschauliche diese graphisch.

Lösung 1.-32

Die Dichtefunktion der Zufallsvariablen $\tilde{x}$ ist

$$f_{\tilde{x}}(x) = \begin{cases} \lambda \mathrm{e}^{-\lambda x} & \text{für} \quad x > 0 \\ 0 & \text{sonst} \end{cases} .$$

Die Dichtefunktionen der Zufallsvariablen $\tilde{y}_1, \ldots, \tilde{y}_4$ können aus den Verteilungsfunktionen gemäß Lösung 1.-29 oder direkt mit Hilfe des Transformationssatzes 1 ermittelt werden. Hier wird der letztere Weg beschritten.

a) Für den Wertebereich der Zufallsvariablen $\tilde{y}_1 = -\tilde{x}^2$, also $(-\infty; 0)$ (vgl. Aufgabe 1.-29 a)) errechnet man die Dichtefunktion nach Transformationssatz 1; die Voraussetzungen der strengen Monotonie und der stetigen Differenzierbarkeit der Transformation sind erfüllt. Man erhält mit $x = \sqrt{-y_1}$

$$\begin{aligned} f_{\tilde{y}_1}(y_1) &= f_{\tilde{x}}(\sqrt{-y_1}) \left| \frac{d}{dy_1} \sqrt{-y_1} \right| \\ &= \lambda \exp(-\lambda\sqrt{-y_1}) \cdot \frac{1}{2\sqrt{-y_1}} \quad ; \end{aligned}$$

ansonsten ist $f_{\tilde{y}_1}(y_1) = 0$.

b) In diesem Falle ist der Wertebereich der Zufallsvariablen $\tilde{y}_2 = 1/\tilde{x}$ durch $(0; \infty)$ gekennzeichnet (vgl. Aufgabe 1.-29 b)). Für diesen ergibt sich, da die Voraussetzungen für die Anwendung von Transformationssatz 1 erfüllt sind,

$$\begin{aligned} f_{\tilde{y}_2}(y_2) &= f_{\tilde{x}}(\frac{1}{y_2}) \left| \frac{d}{dy_2} \frac{1}{y_2} \right| \\ &= \lambda \exp\left(-\frac{\lambda}{y_2}\right) \cdot \frac{1}{y_2^2} \quad ; \end{aligned}$$

ansonsten ist wieder $f_{\tilde{y}_2}(y_2) = 0$.

c) Hier ist $\mathbb{R}$ der Wertebereich der Zufallsvariablen $\tilde{y}_3$ (vgl. Aufgabe 1.-29 c)). Für diesen errechnet man mittels Transformationssatz 1, dessen Voraussetzungen erfüllt sind,

$$f_{\tilde{y}_3}(y_3) = f_{\tilde{x}}\left(\mathrm{e}^{y_3}\right) \left| \frac{d}{dy_3} \mathrm{e}^{y_3} \right| = \lambda \exp(-\lambda\, \mathrm{e}^{y_3}) \cdot \mathrm{e}^{y_3} = \lambda \exp\left(y_3 - \lambda\, \mathrm{e}^{y_3}\right) \quad .$$

d) Schließlich errechnet man analog für den Wertebereich $(1; \infty)$ der Zufallsvariablen $\tilde{y}_4$ (vgl. Aufgabe 1.-29 d)), da die Voraussetzungen für die Anwendung von Transformationssatz 1 erneut erfüllt sind,

$$\begin{aligned} f_{\tilde{y}_4}(y_4) &= f_{\tilde{x}}(\ln y_4) \left| \frac{d}{dy_4} \ln y_4 \right| \\ &= \lambda \exp(-\lambda \ln y_4) \cdot \frac{1}{y_4} = \lambda y_4^{-\lambda - 1} \quad ; \end{aligned}$$

für $y_4 \leq 1$ hat diese den Wert 0.

Die Dichtefunktionen der Zufallsvariablen $\tilde{y}_1, \ldots, \tilde{y}_4$ sind in Abbildung 1.-20 veranschaulicht.

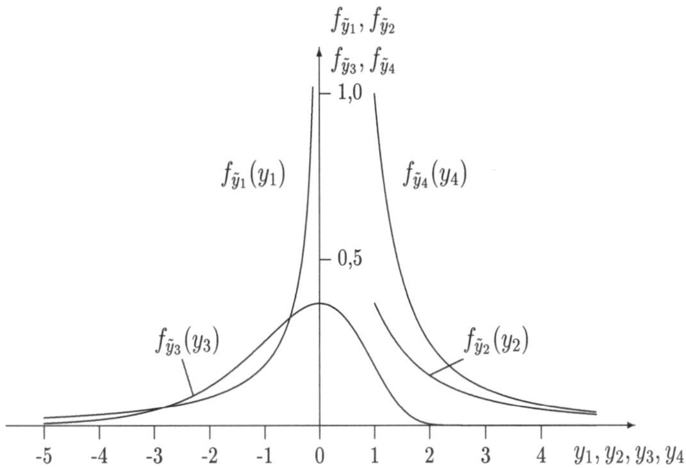

Abbildung 1.-20: Dichtefunktionen der Zufallsvariablen $\tilde{y}_1, \ldots, \tilde{y}_4$ gemäß Lösung 1.-29 $(\lambda = 1)$

Aufgabe 1.-33: Die Zufallsvariable $\tilde{x}$ sei im Intervall $(a, b]$ mit $0 < a < b$ rechtecksverteilt. Man ermittle die Dichtefunktionen der Zufallsvariablen

a) $\tilde{y}_1 = c\tilde{x} + d \quad (c \neq 0)$

b) $\tilde{y}_2 = \tilde{x}^3$

c) $\tilde{y}_3 = \dfrac{1}{\tilde{x}}$.

Lösung 1.-33

Die Dichtefunktion der Zufallsvariablen $\tilde{x}$ ist

$$f_{\tilde{x}}(x) = \begin{cases} \dfrac{1}{b-a} & \text{für} \quad a < x \leq b \\ 0 & \text{sonst} \end{cases} .$$

a) Da die Transformation $\tilde{y}_1 = c\tilde{x} + d$ streng monoton und stetig differenzierbar ist, soweit $c \neq 0$ gilt, kann Transformationssatz 1 angewendet werden. Der Wertebereich von $\tilde{y}_1$ ist $(ca + d; cb + d]$ für $c > 0$ und $[cb + d; ca + d)$ für $c < 0$. Als Dichtefunktion von $\tilde{y}_1$ erhält man

$$f_{\tilde{y}_1}(y_1) = \begin{cases} \dfrac{1}{c(b-a)} & \text{für} \quad ca + d < y_1 \leq cb + d \\ 0 & \text{sonst} \end{cases} ,$$

soweit $c > 0$ gilt; für $c < 0$ resultiert entsprechend

$$f_{\tilde{y}_1}(y_1) = \begin{cases} -\dfrac{1}{c(b-a)} & \text{für} \quad cb + d \leq y_1 < ca + d \\ 0 & \text{sonst} \end{cases} .$$

b) Die Transformation $\tilde{y}_2 = \tilde{x}^3$ erfüllt ebenfalls die Voraussetzungen für die Anwendung von Transformationssatz 1. Ihre Umkehrung ist

$$\tilde{x} = \sqrt[3]{\tilde{y}_2} ,$$

deren Ableitung

$$\frac{d\tilde{x}}{d\tilde{y}_2} = \frac{1}{3}\tilde{y}_2^{-\frac{2}{3}} = \frac{1}{3} \cdot \left(\frac{1}{\sqrt[3]{\tilde{y}_2}}\right)^2 .$$

Der Wertebereich von $\tilde{y}_2$ ist mit $(a^3; b^3]$ anzugeben. Als Dichtefunktion erhält man

$$f_{\tilde{y}_2}(y_2) = \begin{cases} \dfrac{1}{3(b-a)} y_2^{-\frac{2}{3}} & \text{für} \quad a^3 < y_2 \leq b^3 \\ 0 & \text{sonst} \end{cases} .$$

c) Die Transformation $\tilde{y}_3 = 1/\tilde{x}$ ermöglicht wiederum die Anwendung von Transformationssatz 1. Aus ihrer Umkehrung

$$\tilde{x} = \frac{1}{\tilde{y}_3}$$

erhält man

$$\frac{d\tilde{x}}{d\tilde{y}_3} = -\frac{1}{\tilde{y}_3^2} .$$

Der Wertebereich von $\tilde{y}_3$ ist $[1/b; 1/a)$; die Dichtefunktion ist insgesamt mit

$$f_{\tilde{y}_3}(y_3) = \begin{cases} \frac{1}{b-a} \cdot \frac{1}{y_3^2} & \text{für} \quad \frac{1}{b} \leq y_3 < \frac{1}{a} \\ 0 & \text{sonst} \end{cases}$$

anzugeben.

Aufgabe 1.-34: Die Zufallsvariable $\tilde{x}$ sei geometrisch verteilt mit Parameter θ, (vgl. Aufgaben Aufgabe 1.-12 b), Aufgabe 1.-30 und Aufgabe 1.-31). Man ermittle die Wahrscheinlichkeitsfunktionen der Zufallsvariablen

a) $\tilde{y}_1 = (\tilde{x} - 4)^2$ und

b)

$$\tilde{y}_2 = \begin{cases} 1 & \text{falls } \tilde{x} \text{ einen der Werte } 1, 3, 5, \ldots \text{annimmt} \\ 0 & \text{sonst} \end{cases} .$$

Lösung 1.-34

Die Zufallsvariable $\tilde{x}$ hat die Wahrscheinlichkeitsfunktion

$$f_{\tilde{x}}(x) = \begin{cases} \theta(1-\theta)^{x-1} & \text{für} \quad x = 1, 2, \ldots \\ 0 & \text{sonst} \end{cases} .$$

a) Die Menge möglicher Werte der Zufallsvariablen $\tilde{y}_1$ ist die Menge der Quadratzahlen einschließlich 0. Die Werte 3 und 5 bzw. 2 und 6 bzw. 1 und 7 der Zufallsvariablen $\tilde{x}$ werden nach dem Wert 1 bzw. 4 bzw. 9 der Zufallsvariablen $\tilde{y}_1$ abgebildet. Die weiteren Ausprägungen 0, 16, 25, ... von $\tilde{y}_1$ können jeweils nur durch die einzige Ausprägung 4, 8, 9, ... der Zufallsvariablen $\tilde{x}$ zustandekommen. Die Wahrscheinlichkeitsfunktion von $\tilde{y}_1$ kann insgesamt tabellarisch wie folgt angegeben werden:

y_1	0	1	4
$f_{\tilde{y}_1}(y_1)$	$\theta(1-\theta)^3$	$\theta(1-\theta)^2 + \theta(1-\theta)^4$	$\theta(1-\theta) + \theta(1-\theta)^5$

y_1	9	16	...	y_1	...
$f_{\tilde{y}_1}(y_1)$	$\theta + \theta(1-\theta)^6$	$\theta(1-\theta)^7$	...	$\theta(1-\theta)^{\sqrt{y_1}+3}$	...

Dabei wird beim letzten Tabellenfeld $\sqrt{y_1} \in \mathbb{N}$ und $\sqrt{y_1} \geq 5$ unterstellt.

b) Man errechnet für die beiden Ausprägungen

$$f_{\tilde{y}_2}(1) = \theta + \theta(1-\theta)^2 + \theta(1-\theta)^4 + \cdots = \theta \cdot \frac{1}{1-(1-\theta)^2} = \frac{1}{2-\theta}$$

und

$$f_{\tilde{y}_2}(0) = \frac{1-\theta}{2-\theta};$$

sonst hat diese Wahrscheinlichkeitsfunktion den Wert 0.

Aufgabe 1.-35: Die Zufallsvariable $\tilde{x}$ habe die Verteilungsfunktion

$$F_{\tilde{x}}(x) = \begin{cases} 1 - \mathrm{e}^{-\lambda x} & \text{für} \quad x > 0 \\ 0 & \text{sonst} \end{cases} .$$

Man ermittle die Dichtefunktion der Zufallsvariablen $\tilde{y} = (\tilde{x} - 4)^2$.

Lösung 1.-35

Die Zufallsvariable $\tilde{x}$ hat die Verteilungsfunktion

$$F_{\tilde{x}}(x) = \begin{cases} 1 - \mathrm{e}^{-\lambda x} & \text{für} \quad x > 0 \\ 0 & \text{sonst} \end{cases} .$$

Die Verteilungsfunktion von $\tilde{y} = (\tilde{x} - 4)^2$ erhält man für $0 < y < 16$ durch

$$\begin{aligned} F_{\tilde{y}}(y) &= W\left[(\tilde{x}-4)^2 \le y\right] \\ &= W\left[|\tilde{x}-4| \le \sqrt{y}\right] \\ &= W(4-\sqrt{y} \le \tilde{x} \le 4+\sqrt{y}) \\ &= F_{\tilde{x}}(4+\sqrt{y}) - F_{\tilde{x}}(4-\sqrt{y}) \end{aligned}$$

und für $y \ge 16$ mit

$$F_{\tilde{y}}(y) = W(\tilde{x} \le 4 + \sqrt{y}) = F_{\tilde{x}}(4+\sqrt{y}) \quad .$$

Damit resultiert insgesamt die Verteilungsfunktion

$$F_{\tilde{y}}(y) = \begin{cases} 0 & \text{für} \quad y \le 0 \\ \exp(-\lambda(4-\sqrt{y})) - \exp(-\lambda(4+\sqrt{y})) & \text{für} \quad 0 < y < 16 \\ 1 - \exp(-\lambda(4+\sqrt{y})) & \text{für} \quad y \ge 16 \end{cases} .$$

Aus ihr gewinnt man durch Differenzieren die Dichtefunktion

$$f_{\tilde{y}}(y) = \begin{cases} 0 & \text{für} \quad y \le 0 \\ \dfrac{\lambda}{2\sqrt{y}} \left(\exp(-\lambda(4-\sqrt{y}) + \exp(-\lambda(4+\sqrt{y}))\right) & \text{für} \quad 0 < y < 16 \\ \dfrac{\lambda}{2\sqrt{y}} \exp(-\lambda(4+\sqrt{y})) & \text{für} \quad y \ge 16 \end{cases} .$$

Kapitel 2

Mehrdimensionale Zufallsvariablen

2.1. Zufallsvektoren

Aufgabe 2.-1: In einer Urne befinden sich rote, schwarze und weiße Kugeln mit Anteilswerten 0,1, 0,2 und 0,7. Der Zufallsvektor $(\tilde{x}_1, \tilde{x}_2)$ bezeichnet die Anzahl der roten bzw. schwarzen Kugeln, die bei einer Entnahme von 10 Kugeln nach dem Modell mit Zurücklegen resultieren.

a) Man ermittle die Wahrscheinlichkeitsfunktion des Zufallsvektors $(\tilde{x}_1, \tilde{x}_2)$.

b) Man ermittle $W(1 \leq \tilde{x}_1 \leq 2; 1 \leq \tilde{x}_2 \leq 2)$.

Lösung 2.-1

a) Die Wahrscheinlichkeit dafür, bei einer Entnahme der Länge 10 gerade x_1 rote, x_2 schwarze und $10 - x_1 - x_2$ weiße Kugeln *in einer bestimmten Reihenfolge* zu bekommen, ist beim Modell mit Zurücklegen

$$0{,}1^{x_1} \cdot 0{,}2^{x_2} \cdot 0{,}7^{10-x_1-x_2} \quad .$$

Das zufällige Ereignis, dessen Wahrscheinlichkeit in Abhängigkeit von x_1 und x_2 ermittelt werden soll, ist dadurch gekennzeichnet, dass x_1 rote, x_2 schwarze und $(10-x_1-x_2)$ weiße Kugeln *in beliebiger Reihenfolge* resultieren. Es gibt nun 10! Möglichkeiten, 10 individuell unterscheidbare Kugeln in einer Entnahme anzuordnen. Von diesen fallen x_1!- bzw. x_2!- bzw. $(10 - x_1 - x_2)$!- viele zusammen, weil rote bzw. schwarze bzw. weiße Kugeln unter sich nicht unterschieden werden. Deshalb ist die gesuchte Wahrscheinlichkeitsfunktion

$$f_{\tilde{x}}(x_1, x_2) = \begin{cases} \dfrac{10!}{x_1! \cdot x_2! \cdot (10 - x_1 - x_2)!} \cdot 0{,}1^{x_1} 0{,}2^{x_2} 0{,}7^{(10-x_1-x_2)} & \\ \qquad\qquad\qquad \text{für} \quad x_1, x_2 = 0, \ldots, 10;\ x_1 + x_2 \leq 10 & \\ 0 \qquad\qquad\qquad \text{sonst} & \end{cases}$$

(*Trinomialverteilung*).

b)

$$W(1 \leq \tilde{x}_1 \leq 2; 1 \leq \tilde{x}_2 \leq 2) = f_{\tilde{\boldsymbol{x}}}(1;1) + f_{\tilde{\boldsymbol{x}}}(2;1) + f_{\tilde{\boldsymbol{x}}}(1;2) + f_{\tilde{\boldsymbol{x}}}(2;2)$$

$$= 10 \cdot 9 \cdot 0{,}1 \cdot 0{,}2 \cdot 0{,}7^8 + \frac{1}{2} \cdot 10 \cdot 9 \cdot 8 \cdot 0{,}1^2 \cdot 0{,}2 \cdot 0{,}7^7$$

$$+\frac{1}{2} \cdot 10 \cdot 9 \cdot 8 \cdot 0{,}1 \cdot 0{,}2^2 \cdot 0{,}7^7 + \frac{1}{4} \cdot 10 \cdot 9 \cdot 8 \cdot 7 \cdot 0{,}1^2 \cdot 0{,}2^2 \cdot 0{,}7^6$$

$$\approx 0{,}3409 \quad .$$

Aufgabe 2.-2: Man löse Aufgabe 2.-1 für das Modell ohne Zurücklegen. Dabei gehe man davon aus, dass sich zu Beginn der Entnahme $N = 20$ Kugeln in der Urne befinden.

Lösung 2.-2

a) Die Anzahl der verschiedenen Möglichkeiten, 10 aus 20 Kugeln herauszugreifen (Anzahl der „Kombinationen"), ist

$$C_{20,10} = \binom{20}{10} \quad .$$

Die Anzahl der verschiedenen Möglichkeiten, aus den 2 roten bzw. 4 schwarzen bzw. 14 weißen Kugeln x_1- bzw. x_2- bzw. $(10 - x_1 - x_2)$- viele herauszugreifen, ist entsprechend

$$C_{2,x_1} = \binom{2}{x_1} \text{ bzw. } C_{4,x_2} = \binom{4}{x_2} \text{ bzw. } C_{14,10-x_1-x_2} = \binom{14}{10 - x_1 - x_2} \; ;$$

man beachte, dass $C_{k,x} = 0$ ist für $x > k$. Deshalb ist unter Beachtung der klassischen Wahrscheinlichkeitskonzeption

$$f_{\tilde{\boldsymbol{x}}}(x_1, x_2) = \begin{cases} \dfrac{\binom{2}{x_1}\binom{4}{x_2}\binom{14}{10 - x_1 - x_2}}{\binom{20}{10}} & \text{für} \quad x_1 = 0,1,2;\; x_2 = 0,1,\ldots,4 \\ 0 & \text{sonst} \end{cases}$$

(verallgemeinerte hypergeometrische Verteilung).

b) Ferner ist (vgl. Aufgabe 1.-34 b))

$$W(1 \leq \tilde{x}_1 \leq 2; 1 \leq \tilde{x}_2 \leq 2) = \frac{10! \cdot 10!}{20!} \left(\frac{2!}{1! \cdot 1!} \cdot \frac{4!}{1! \cdot 3!} \cdot \frac{14!}{8! \cdot 6!} \right.$$

$$+ \frac{2!}{2! \cdot 0!} \cdot \frac{4!}{1! \cdot 3!} \cdot \frac{14!}{7! \cdot 7!} + \frac{2!}{1! \cdot 1!} \cdot \frac{4!}{2! \cdot 2!} \cdot \frac{14!}{7! \cdot 7!} + \left. \frac{2!}{2! \cdot 0!} \cdot \frac{4!}{2! \cdot 2!} \cdot \frac{14!}{8! \cdot 6!} \right)$$

$$\approx 0{,}5248 \quad .$$

Aufgabe 2.-3: Der Zufallsvektor $(\tilde{x}_1, \tilde{x}_2)$ habe die Dichtefunktion

$$f_{\tilde{\boldsymbol{x}}}(x_1, x_2) = \begin{cases} 0{,}25 & \text{für} \quad 0 \le x_1 \le 4 \ \wedge \ 0 \le x_2 \le 1 \\ 0 & \text{sonst} \end{cases} \quad .$$

Man ermittle die Verteilungsfunktion von $(\tilde{x}_1, \tilde{x}_2)$ und berechne $W(2 \le \tilde{x}_1 \le 3; 0{,}5 \le \tilde{x}_2 \le 1)$. Außerdem bestimme man die Randdichtefunktionen $f_{\tilde{x}_1}(x_1)$ und $f_{\tilde{x}_2}(x_2)$ sowie die bedingten Dichten $f_{\tilde{x}_1|x_2}(x_1|x_2)$ $(0 \le x_2 \le 1)$ und $f_{\tilde{x}_2|x_1}(x_2|x_1)$ $(0 \le x_1 \le 4)$.

Lösung 2.-3

Die gegebene Dichtefunktion ist

$$f_{\tilde{\boldsymbol{x}}}(x_1, x_2) = \begin{cases} 0{,}25 & \text{für} \quad 0 \le x_1 \le 4 \ \wedge \ 0 \le x_2 \le 1 \\ 0 & \text{sonst} \end{cases} \quad .$$

Die Verteilungsfunktion des Zufallsvektors $(\tilde{x}_1, \tilde{x}_2)$ ist im relevanten Bereich

$$\begin{aligned} F_{\tilde{\boldsymbol{x}}}(x_1, x_2) &= \int_0^{x_1} \int_0^{x_2} 0{,}25 \, du_2 \, du_1 \\ &= \int_0^{x_1} \Big[0{,}25 \, u_2 \Big]_0^{x_2} du_1 \\ &= \int_0^{x_1} 0{,}25 \, x_2 \, du_1 \\ &= \Big[0{,}25 \, x_2 \, u_1 \Big]_0^{x_1} = 0{,}25 \, x_1 \, x_2 \quad ; \end{aligned}$$

insgesamt ergibt sich dann unter Berücksichtigung der Randverteilungen

$$F_{\tilde{\boldsymbol{x}}}(x_1, x_2) = \begin{cases} 0 & \text{für} \quad x_1 < 0 \ \vee \ x_2 < 0 \\ 0{,}25 \, x_1 \, x_2 & \text{für} \quad 0 \le x_1 \le 4 \ \wedge \ 0 \le x_2 \le 1 \\ x_2 & \text{für} \quad x_1 > 4 \wedge 0 \le x_2 \le 1 \\ 0{,}25 x_1 & \text{für} \quad 0 \le x_1 \le 4 \wedge x_2 > 1 \\ 1 & \text{sonst} \end{cases} \quad .$$

Man errechnet

$$\begin{aligned} & W(2 \leq \tilde{x}_1 \leq 3; 0{,}5 \leq \tilde{x}_2 \leq 1) \\ = \; & F_{\tilde{\boldsymbol{x}}}(3;1) - F_{\tilde{\boldsymbol{x}}}(2;1) - F_{\tilde{\boldsymbol{x}}}(3;0{,}5) + F_{\tilde{\boldsymbol{x}}}(2;0{,}5) \\ = \; & 0{,}25\,(3 \cdot 1 - 2 \cdot 1 - 3 \cdot 0{,}5 + 2 \cdot 0{,}5) \\ = \; & 0{,}125 \quad . \end{aligned}$$

Die Randdichtefunktionen sind

$$\begin{aligned} f_{\tilde{x}_1}(x_1) &= \int_{-\infty}^{+\infty} f_{\tilde{\boldsymbol{x}}}(x_1, x_2)\, dx_2 \\ &= \int_0^1 0{,}25\, dx_2 = \Big[0{,}25\, x_2\Big]_0^1 \\ &= 0{,}25 \quad (0 \leq x_1 \leq 4\,;\ 0 \quad \text{sonst}) \end{aligned}$$

und

$$\begin{aligned} f_{\tilde{x}_2}(x_2) &= \int_{-\infty}^{+\infty} f_{\tilde{\boldsymbol{x}}}(x_1, x_2)\, dx_1 \\ &= \int_0^4 0{,}25\, dx_1 = \Big[0{,}25\, x_1\Big]_0^4 \\ &= 1 \quad (0 \leq x_2 \leq 1\,;\ 0 \quad \text{sonst}) \quad . \end{aligned}$$

Die bedingten Dichten sind

$$f_{\tilde{x}_1|x_2}(x_1|x_2) = \frac{f_{\tilde{\boldsymbol{x}}}(x_1, x_2)}{f_{\tilde{x}_2}(x_2)} = 0{,}25$$

$(0 \leq x_1 \leq 4\,; 0 \leq x_2 \leq 1)$ und

$$f_{\tilde{x}_2|x_1}(x_2|x_1) = \frac{f_{\tilde{\boldsymbol{x}}}(x_1, x_2)}{f_{\tilde{x}_1}(x_1)} = 1$$

$(0 \leq x_2 \leq 1\,; 0 \leq x_1 \leq 4)$.

Aufgabe 2.-4: Man veranschauliche die Funktion

$$F_{\tilde{\boldsymbol{x}}}(x_1, x_2) = \begin{cases} 0 & \text{für} \quad x_1 + x_2 < 0 \\ 1 & \text{für} \quad x_1 + x_2 \geq 0 \end{cases}$$

graphisch und zeige, dass sie keine Verteilungsfunktion sein kann.

Lösung 2.-4

Die Funktion

$$F_{\tilde{\boldsymbol{x}}}(x_1, x_2) = \begin{cases} 0 & \text{für} \quad x_1 + x_2 < 0 \\ 1 & \text{für} \quad x_1 + x_2 \geq 0 \end{cases}$$

wird in Abbildung 2.-1 veranschaulicht.

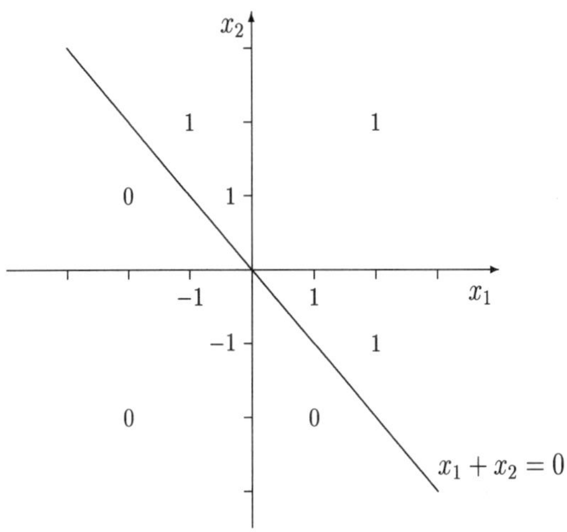

Abbildung 2.-1: Veranschaulichung der Funktion gemäß Lösung 2.-4

Die Funktion erfüllt zwar wesentliche Kriterien einer Verteilungsfunktion, da sie monoton wächst, rechtsseitig stetig ist und einen Wertebereich von 0 bis 1 aufweist; bei der Berechnung von Bereichswahrscheinlichkeiten wird jedoch deutlich, dass es sich um keine Verteilungsfunktion handeln kann. Man errechnet z. B.

$$\begin{aligned} & W(-1 \leq \tilde{x}_1 \leq 1; 0 \leq \tilde{x}_2 \leq 2) \\ = \; & F_{\tilde{\boldsymbol{x}}}(1, 2) - F_{\tilde{\boldsymbol{x}}}(1, 0) - F_{\tilde{\boldsymbol{x}}}(-1, 2) + F_{\tilde{\boldsymbol{x}}}(-1, 0) \\ = \; & 1 - 1 - 1 + 0 = -1 < 0 \quad . \end{aligned}$$

Aufgabe 2.-5: Der Zufallsvektor $(\tilde{x}_1, \tilde{x}_2)$ habe die Dichtefunktion

$$f_{\tilde{\boldsymbol{x}}}(x_1, x_2) = \begin{cases} \dfrac{1}{2} & \text{für} \quad 0 \le x_1 \le 4 \ \wedge \ 0 \le x_2 \le \dfrac{1}{4}x_1 \\ 0 & \text{sonst} \end{cases} \quad .$$

Man ermittle die Verteilungsfunktion von $(\tilde{x}_1, \tilde{x}_2)$ und berechne $W(2 \le \tilde{x}_1 \le 3; 1/2 \le \tilde{x}_2 \le 3/2)$. Außerdem gebe man die Randdichtefunktionen sowie die bedingten Dichtefunktionen

$$f_{\tilde{x}_1|\frac{1}{4}}(x_1|\frac{1}{4}) \qquad \text{und} \qquad f_{\tilde{x}_2|1}(x_2|1)$$

an.

Lösung 2.-5

Der Bereich der möglichen Werte des Zufallsvektors $(\tilde{x}_1, \tilde{x}_2)$ mit der Dichtefunktion

$$f_{\tilde{\boldsymbol{x}}}(x_1, x_2) = \begin{cases} \dfrac{1}{2} & \text{für} \quad 0 \le x_1 \le 4 \ \wedge \ 0 \le x_2 \le \dfrac{1}{4}x_1 \\ 0 & \text{sonst} \end{cases}$$

ist in Abbildung 2.-2 veranschaulicht.

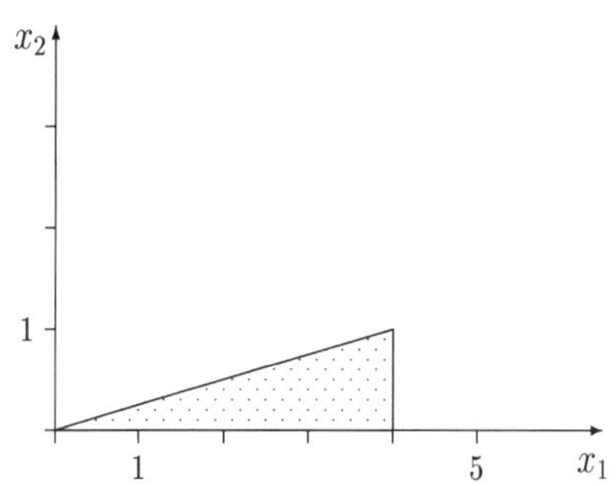

Abbildung 2.-2: Bereich möglicher Werte des Zufallsvektors $(\tilde{x}_1, \tilde{x}_2)$ gemäß Lösung 2.-5

Man erhält als Verteilungsfunktion angesichts Abbildung 2.-2

für Punkte (x_1, x_2) im Wertebereich

$$\begin{aligned} F_{\tilde{\boldsymbol{x}}}(x_1, x_2) &= \int_0^{x_2} \int_{4u_2}^{x_1} \frac{1}{2} \, du_1 \, du_2 = \int_0^{x_2} \left(\frac{1}{2}x_1 - 2u_2\right) du_2 \\ &= \left[\frac{1}{2}x_1 \, u_2 - u_2^2\right]_{u_2=0}^{u_2=x_2} = \frac{1}{2}x_1 x_2 - x_2^2 \qquad ; \end{aligned}$$

für Punkte (x_1, x_2) mit $x_1 > 4$ und $0 \leq x_2 \leq 1$

$$F_{\tilde{\boldsymbol{x}}}(x_1, x_2) = F_{\tilde{\boldsymbol{x}}}(4, x_2) = 2x_2 - x_2^2 \quad ;$$

für Punkte (x_1, x_2) mit $0 \leq x_1 \leq 4$ und $x_2 > \frac{1}{4}x_1$

$$F_{\tilde{\boldsymbol{x}}}(x_1, x_2) = F_{\tilde{\boldsymbol{x}}}(x_1, \frac{1}{4}x_1) = \frac{1}{16}x_1^2 \quad ;$$

für Punkte (x_1, x_2) mit $x_1 < 0 \vee x_2 < 0$

$$F_{\tilde{\boldsymbol{x}}}(x_1, x_2) = 0 \quad ;$$

für Punkte (x_1, x_2) mit $x_1 > 4 \wedge x_2 > 1$

$$F_{\tilde{\boldsymbol{x}}}(x_1, x_2) = 1 \quad .$$

Man errechnet damit

$$\begin{aligned}
&W(2 \leq \tilde{x}_1 \leq 3; \frac{1}{2} \leq \tilde{x}_2 \leq \frac{3}{2}) \\
= \;& F_{\tilde{\boldsymbol{x}}}(3; \frac{3}{2}) - F_{\tilde{\boldsymbol{x}}}(2; \frac{3}{2}) - F_{\tilde{\boldsymbol{x}}}(3; \frac{1}{2}) + F_{\tilde{\boldsymbol{x}}}(2; \frac{1}{2}) \\
= \;& \frac{1}{16} \cdot 3^2 - \frac{1}{16} \cdot 2^2 - \left[\frac{1}{2} \cdot 3 \cdot \frac{1}{2} - \left(\frac{1}{2}\right)^2\right] + \frac{1}{2} \cdot 2 \cdot \frac{1}{2} - \left(\frac{1}{2}\right)^2 \\
= \;& \frac{1}{16} \quad .
\end{aligned}$$

Für die Randdichtefunktionen erhält man

$$\begin{aligned}
f_{\tilde{x}_1}(x_1) &= \int_{-\infty}^{+\infty} f_{\tilde{\boldsymbol{x}}}(x_1, u_2)\, du_2 = \int_0^{\frac{1}{4}x_1} \frac{1}{2}\, du_2 = \left[\frac{1}{2}u_2\right]_0^{\frac{1}{4}x_1} \\
&= \frac{1}{8}x_1 \quad (0 \leq x_1 \leq 4; \quad 0 \text{ sonst})
\end{aligned}$$

und

$$\begin{aligned}
f_{\tilde{x}_2}(x_2) &= \int_{-\infty}^{+\infty} f_{\tilde{\boldsymbol{x}}}(u_1, x_2)\, du_1 = \int_{4x_2}^{4} \frac{1}{2}\, du_1 = \left[\frac{1}{2}u_1\right]_{4x_2}^{4} \\
&= 2 - 2x_2 \quad (0 \leq x_2 \leq 1; \quad 0 \text{ sonst}) \quad .
\end{aligned}$$

Ist $\{\tilde{x}_2 = 1/4\}$ bzw. $\{\tilde{x}_1 = 1\}$ bekannt, so ergeben sich die bedingten Dichtefunktionen

$$\begin{aligned} f_{\tilde{x}_1|\frac{1}{4}}(x_1|\frac{1}{4}) &= \frac{f_{\tilde{\boldsymbol{x}}}(x_1;1/4)}{f_{\tilde{x}_2}(1/4)} \\ &= \begin{cases} \frac{1}{3} & \text{für} \quad 1 \le x_1 \le 4 \\ 0 & \text{sonst} \end{cases} \end{aligned}$$

und

$$f_{\tilde{x}_2|1}(x_2|1) = \frac{f_{\tilde{\boldsymbol{x}}}(1;\tilde{x}_2)}{f_{\tilde{x}_1}(1)} = \begin{cases} 4 & \text{für} \quad 0 \le x_2 \le \frac{1}{4} \\ 0 & \text{sonst} \end{cases} \quad .$$

Aufgabe 2.-6: Gegeben sei die Dichtefunktion

$$f_{\tilde{\boldsymbol{x}}}(x_1, x_2) = \begin{cases} \frac{1}{2}(4x_1x_2 + 1) & \text{für} \quad 0 \le x_1 \le 1 \land 0 \le x_2 \le 1 \\ 0 & \text{sonst} \end{cases} \quad .$$

a) Man gebe die zugehörige Verteilungsfunktion $F_{\tilde{\boldsymbol{x}}}(x_1, x_2)$ an.

b) Man ermittle die Dichtefunktionen $f_{\tilde{x}_1}(x_1)$ und $f_{\tilde{x}_2}(x_2)$ der Zufallsvariablen $\tilde{x}_1$ und $\tilde{x}_2$ und prüfe auf stochastische Unabhängigkeit.

c) Man bestimme $f_{\tilde{x}_1|x_2}(x_1|x_2)$ und $F_{\tilde{x}_1|x_2}(x_1|x_2)$ für $0 \le x_2 \le 1$ sowie speziell $f_{\tilde{x}_1|x_2}(x_1|1/4)$ und $F_{\tilde{x}_1|x_2}(x_1|1/4)$.

Lösung 2.-6

a) Die Verteilungsfunktion ist für $0 \le x_1, x_2 \le 1$

$$\begin{aligned} F_{\tilde{\boldsymbol{x}}}(x_1, x_2) &= \int_0^{x_1}\int_0^{x_2} \frac{1}{2}(4u_1u_2 + 1)du_2\,du_1 = \int_0^{x_1} \left[\frac{1}{2}(2u_1u_2^2 + u_2)\right]_0^{x_2} du_1 \\ &= \int_0^{x_1} \frac{1}{2}(2u_1x_2^2 + x_2)\,du_1 = \frac{1}{2}\left[u_1^2x_2^2 + u_1x_2\right]_0^{x_1} \\ &= \frac{1}{2}x_1x_2(x_1x_2 + 1) \quad . \end{aligned}$$

Insgesamt kann die Verteilungsfunktion mit

$$F_{\tilde{\boldsymbol{x}}}(x_1,x_2) = \begin{cases} 0 & \text{für} \quad x_1 < 0 \vee x_2 < 0 \\ \frac{1}{2}x_1x_2(x_1x_2+1) & \text{für} \quad 0 \leq x_1, x_2 \leq 1 \\ \frac{1}{2}x_2(x_2+1) & \text{für} \quad x_1 > 1 \wedge 0 \leq x_2 \leq 1 \\ \frac{1}{2}x_1(x_1+1) & \text{für} \quad x_2 > 1 \wedge 0 \leq x_1 \leq 1 \\ 1 & \text{für} \quad x_1, x_2 > 1 \end{cases}$$

angegeben werden; dabei wird berücksichtigt, dass

$$\begin{aligned} F_{\tilde{\boldsymbol{x}}}(x_1,x_2) &= F_{\tilde{\boldsymbol{x}}}(1,x_2) \quad \text{für } x_1 > 1 \ \wedge \ 0 \leq x_2 < 1 \quad \text{und} \\ F_{\tilde{\boldsymbol{x}}}(x_1,x_2) &= F_{\tilde{\boldsymbol{x}}}(x_1,1) \quad \text{für } x_2 > 1 \ \wedge \ 0 \leq x_1 < 1 \end{aligned}$$

gilt.

b) Die Randdichtefunktionen ergeben sich aus der verbundenen Dichtefunktion wie folgt:

$$\begin{aligned} f_{\tilde{x}_1}(x_1) &= \int_{-\infty}^{+\infty} f_{\tilde{\boldsymbol{x}}}(x_1,u_2)\,du_2 = \int_0^1 \frac{1}{2}(4x_1u_2+1)\,du_2 \\ &= \left[x_1u_2^2 + \frac{1}{2}u_2\right]_{u_2=0}^{u_2=1} = x_1 + \frac{1}{2} \end{aligned}$$

$(0 \leq x_1 \leq 1;\ 0 \text{ sonst})$ und

$$\begin{aligned} f_{\tilde{x}_2}(x_2) &= \int_{-\infty}^{+\infty} f_{\tilde{\boldsymbol{x}}}(u_1,x_2)\,du_1 = \int_0^1 \frac{1}{2}(4u_1x_2+1)\,du_1 \\ &= \left[x_2u_1^2 + \frac{1}{2}u_1\right]_{u_1=0}^{u_1=1} = x_2 + \frac{1}{2} \end{aligned}$$

$(0 \leq x_2 \leq 1;\ 0 \text{ sonst})$.

Beispielsweise ist $(x_1 = 1/4; x_2 = 1/4)$

$$f_{\tilde{x}_1}(\frac{1}{4}) \cdot f_{\tilde{x}_2}(\frac{1}{4}) = \left(\frac{3}{4}\right)^2 \neq f_{\tilde{\boldsymbol{x}}}(\frac{1}{4};\frac{1}{4}) = \frac{5}{8} \quad ;$$

also sind $\tilde{x}_1, \tilde{x}_2$ stochastisch abhängige Zufallsvariablen.

c) Allgemein erhält man, soweit $0 \leq x_2 \leq 1$ ist, die bedingte Dichtefunktion

$$f_{\tilde{x}_1|x_2}(x_1|x_2) = \begin{cases} \dfrac{4x_1x_2+1}{2x_2+1} & \text{für} \quad 0 \leq x_1 \leq 1 \\ 0 & \text{sonst} \end{cases}$$

mit der bedingten Verteilungsfunktion ($0 \leq x_2 \leq 1$)

$$\begin{aligned} F_{\tilde{x}_1|x_2}(x_1|x_2) &= \int_0^{x_1} f_{\tilde{x}_1|x_2}(u_1|x_2)\,du_1 \\ &= \int_0^{x_1} \frac{4u_1x_2+1}{2x_2+1}\,du_1 = \left[\frac{2u_1^2x_2+u_1}{2x_2+1}\right]_{u_1=0}^{u_1=x_1} \\ &= \frac{2x_1^2x_2+x_1}{2x_2+1} \quad . \end{aligned}$$

Insgesamt ist damit

$$F_{\tilde{x}_1|x_2}(x_1|x_2) = \begin{cases} 0 & \text{für} \quad x_1 < 0 \\ \dfrac{2x_1^2x_2+x_1}{2x_2+1} & \text{für} \quad 0 \leq x_1 \leq 1 \\ 1 & \text{für} \quad x_1 > 1 \end{cases} \quad .$$

Für $x_2 = 1/4$ ist speziell

$$f_{\tilde{x}_1|x_2}(x_1|\frac{1}{4}) = \begin{cases} \dfrac{2}{3}(x_1+1) & \text{für} \quad 0 \leq x_1 \leq 1 \\ 0 & \text{sonst} \end{cases}$$

und

$$F_{\tilde{x}_1|x_2}(x_1|\frac{1}{4}) = \begin{cases} 0 & \text{für} \quad x_1 < 0 \\ \dfrac{1}{3}x_1^2 + \dfrac{2}{3}x_1 & \text{für} \quad 0 \leq x_1 \leq 1 \\ 1 & \text{für} \quad x_1 > 1 \end{cases} \quad .$$

2.2. Allgemeine Definitionen und Sätze über Zufallsvektoren

Aufgabe 2.-7: Die verbundene Wahrscheinlichkeitsfunktion des Zufallsvektors $(\tilde{x}_1, \tilde{x}_2)$ ist in der nachfolgenden Tabelle angegeben.

	$\tilde{x}_2$		
$\tilde{x}_1$	$x_{21} = 1$	$x_{22} = 2$	$x_{23} = 5$
$x_{11} = 2$	0,1	0,1	0,0
$x_{12} = 4$	0,1	0,3	0,1
$x_{13} = 8$	0,0	0,1	0,2

a) Man nehme Stellung zur Existenz der Momente dieses Zufallsvektors.

b) Man ermittle die Varianz-Kovarianz-Matrix.

c) Man errechne alle gewöhnlichen Momente dritter Ordnung.

d) Man ermittle die Wahrscheinlichkeitsfunktionen der Zufallsvariablen $\tilde{\mathrm{E}}(\tilde{x}_1|\tilde{x}_2)$, $\tilde{\mathrm{E}}(\tilde{x}_2|\tilde{x}_1)$ und $\tilde{\mathrm{var}}(\tilde{x}_1|\tilde{x}_2)$. Außerdem überprüfe man anhand dieses Beispiels, dass (vgl. Satz 2.-13) $\mathrm{E}\left[\tilde{\mathrm{E}}(\tilde{x}_1|\tilde{x}_2)\right] = \mathrm{E}\,\tilde{x}_1$ und $\mathrm{var}\,\tilde{x}_1 = \mathrm{E}\left[\tilde{\mathrm{var}}(\tilde{x}_1|\tilde{x}_2)\right] + \mathrm{var}\left[\tilde{\mathrm{E}}(\tilde{x}_1|\tilde{x}_2)\right]$ gilt.

e) Man ermittle und zeichne die beiden Regressionskurven.

Lösung 2.-7

a) Da der Wertebereich von $(\tilde{x}_1, \tilde{x}_2)$ beschränkt ist, existieren Momente beliebiger Ordnung dieses Zufallsvektors.

b) Mit

$$\mathrm{E}\,\tilde{x}_1 = 2 \cdot 0{,}2 + 4 \cdot 0{,}5 + 8 \cdot 0{,}3 = 4{,}8$$

und $\mathrm{E}\,\tilde{x}_2 = 2{,}7$ sowie

$$\mathrm{var}\,\tilde{x}_1 = 4 \cdot 0{,}2 + 16 \cdot 0{,}5 + 64 \cdot 0{,}3 - 4{,}8^2 = 4{,}96$$

und $\mathrm{var}\,\tilde{x}_2 = 2{,}41$ sowie

$$\mathrm{cov}\,\tilde{x}_1, \tilde{x}_2 = 2 \cdot 1 \cdot 0{,}1 + \ldots + 8 \cdot 5 \cdot 0{,}2 - 4{,}8 \cdot 2{,}7 = 2{,}04$$

ergibt sich insgesamt die Varianz-Kovarianz-Matrix

$$\mathbf{\Sigma} = \begin{pmatrix} 4{,}96 & 2{,}04 \\ 2{,}04 & 2{,}41 \end{pmatrix} \quad .$$

c) Man errechnet

$$\begin{aligned}
\gamma_{30} &= 2^3 \cdot 0{,}2 + 4^3 \cdot 0{,}5 + 8^3 \cdot 0{,}3 = 187{,}2 \\
\gamma_{21} &= 2^2 \cdot 1 \cdot 0{,}1 + 2^2 \cdot 2 \cdot 0{,}1 + \ldots + 8^2 \cdot 5 \cdot 0{,}2 = 97{,}2 \\
\gamma_{12} &= 2 \cdot 1^2 \cdot 0{,}1 + 2 \cdot 2^2 \cdot 0{,}1 + \ldots + 8 \cdot 5^2 \cdot 0{,}2 = 59{,}4 \\
\gamma_{03} &= 1^3 \cdot 0{,}2 + 2^3 \cdot 0{,}5 + 5^3 \cdot 0{,}3 = 41{,}7 \quad .
\end{aligned}$$

d) Für die Zufallsvariablen $\tilde{\mathrm{E}}\,(\tilde{x}_1|\tilde{x}_2)$, $\tilde{\mathrm{E}}\,(\tilde{x}_2|\tilde{x}_1)$ und $\mathrm{v\tilde{a}r}\,(\tilde{x}_1|\tilde{x}_2)$ errechnet man Wahrscheinlichkeitsfunktionen, die in den nachfolgenden Tabellen angegeben sind.

$\tilde{\mathrm{E}}\,(\tilde{x}_1|\tilde{x}_2)$:

3	4,4	6,67
0,2	0,5	0,3

$\tilde{\mathrm{E}}\,(\tilde{x}_2|\tilde{x}_1)$:

1,5	2,4	4
0,2	0,5	0,3

$\mathrm{v\tilde{a}r}\,(\tilde{x}_1|\tilde{x}_2)$:

1	3,84	3,56
0,2	0,5	0,3

Man überprüft leicht, dass

$$\mathrm{E}\left[\tilde{\mathrm{E}}\,(\tilde{x}_1|\tilde{x}_2)\right] = 3 \cdot 0{,}2 + 4{,}4 \cdot 0{,}5 + 6{,}67 \cdot 0{,}3 = 4{,}8$$

ist, wie es sein muss (vgl. b)). Außerdem erhält man

$$\mathrm{E}\,[\mathrm{v\tilde{a}r}\,(\tilde{x}_1|\tilde{x}_2)] = 1 \cdot 0{,}2 + 3{,}84 \cdot 0{,}5 + 3{,}56 \cdot 0{,}3 = 3{,}1867$$

und

$$\mathrm{var}\left[\tilde{\mathrm{E}}\,(\tilde{x}_1|\tilde{x}_2)\right] = 3^2 \cdot 0{,}2 + 4{,}4^2 \cdot 0{,}5 + 6{,}67^2 \cdot 0{,}3 - 4{,}8^2 = 1{,}7733 \quad .$$

Als Summe ergibt sich (vgl. b)) $\mathrm{var}\,\tilde{x}_1 = 4{,}96$.

e) Die Regressionskurven umfassen jeweils nur drei Punkte und zwar

$(\mathrm{E}\,(\tilde{x}_1|x_2); x_2)$: (3;1) ; (4,4;2) ; (6,67;5)
$(x_1; \mathrm{E}\,(\tilde{x}_2|x_1))$: (2;1,5) ; (4;2,4) ; (8;4) .

Sie sind in der Abbildung 2.-3 veranschaulicht.

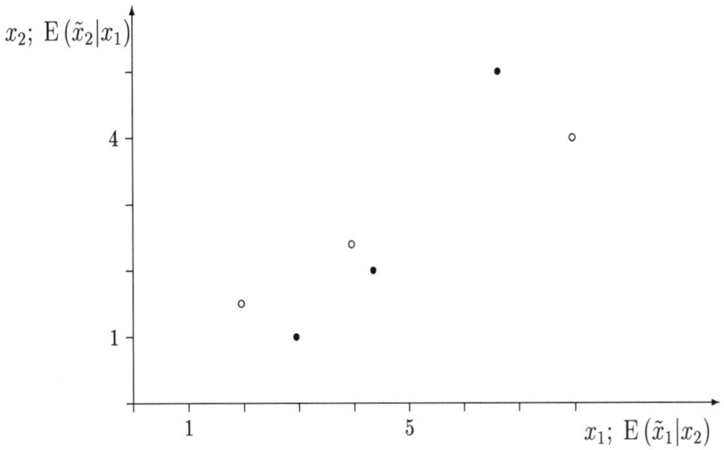

Abbildung 2.-3: Regressionskurven zu Lösung 2.-7 e)

Aufgabe 2.-8: Der Zufallsvektor $\tilde{\boldsymbol{x}} = (\tilde{x}_1, \tilde{x}_2, \tilde{x}_3)$ habe die Dichtefunktion

$$f_{\tilde{\boldsymbol{x}}}(x_1, x_2, x_3) = \begin{cases} \dfrac{36}{(1+x_1+x_2)^5(1+x_3)^4} & \text{für} \quad x_1, x_2, x_3 > 0 \\ 0 & \text{sonst} \end{cases} .$$

a) Man untersuche $\tilde{\boldsymbol{x}}$ auf stochastische Unabhängigkeit.

b) Man ermittle die Varianz-Kovarianz-Matrix.

c) Man ermittle $\mathrm{E}\,\tilde{x}_1\tilde{x}_3$, $\mathrm{E}(\tilde{x}_1|x_3)$ und $\mathrm{var}(\tilde{x}_1|x_3)$.

d) Man ermittle und zeichne die beiden Regressionskurven des Zufallsvektors $(\tilde{x}_1, \tilde{x}_2)$.

Lösung 2.-8

Die gegebene Dichtefunktion ist

$$f_{\tilde{\boldsymbol{x}}}(x_1, x_2, x_3) = \begin{cases} \dfrac{36}{(1+x_1+x_2)^5(1+x_3)^4} & \text{für} \quad x_1, x_2, x_3 > 0 \\ 0 & \text{sonst} \end{cases} .$$

a) Da die Dichtefunktion in die Faktoren

$$\frac{12}{(1+x_1+x_2)^5} \quad \text{und} \quad \frac{3}{(1+x_3)^4}$$

mit

$$\int_0^\infty \int_0^\infty \frac{12}{(1+x_1+x_2)^5} dx_1 dx_2 = \int_0^\infty \left[-\frac{3}{(1+x_1+x_2)^4} \right]_{x_1=0}^{x_1=\infty} dx_2$$

$$= \int_0^\infty \frac{3}{(1+x_2)^4} dx_2 = \left[-\frac{1}{(1+x_2)^3} \right]_{x_2=0}^{x_2=\infty} = 1$$

und

$$\int_0^\infty \frac{3}{(1+x_3)^4} dx_3 = - \left[\frac{1}{(1+x_3)^3} \right]_0^\infty = 1$$

aufgegliedert werden kann und eine weitere Faktorisierung von $12/(1 + x_1 + x_2)^5$ nicht möglich ist, sind $(\tilde{x}_1, \tilde{x}_2)$ und $\tilde{x}_3$ stochastisch unabhängig; die Zufallsvariablen $\tilde{x}_1$ und $\tilde{x}_2$ sind stochastisch abhängig.

b) Aus a) wird ersichtlich, dass $\operatorname{cov} \tilde{x}_1, \tilde{x}_3 = \operatorname{cov} \tilde{x}_2, \tilde{x}_3 = 0$ ist. Außerdem errechnet man mit den Randdichtefunktionen

$$f_{\tilde{x}_1}(x_1) = \int_0^\infty \frac{12}{(1+x_1+x_2)^5} dx_2 = \frac{3}{(1+x_1)^4} \quad (x_1 > 0)$$

und

$$f_{\tilde{x}_2}(x_2) = \frac{3}{(1+x_2)^4} \quad (x_2 > 0)$$

sowie

$$f_{\tilde{x}_3}(x_3) = \frac{3}{(1+x_2)^4} \quad (x_3 > 0)$$

die Erwartungswerte

$$\begin{aligned} \operatorname{E} \tilde{x}_1 &= \int_0^\infty \frac{3x_1}{(1+x_1)^4} dx_1 = \left[-\frac{x_1}{(1+x_1)^3} \right]_0^\infty + \int_0^\infty \frac{1}{(1+x_1)^3} dx_1 \\ &= \left[-\frac{1}{2(1+x_1)^2} \right]_0^\infty = \frac{1}{2} \quad , \end{aligned}$$

$\operatorname{E} \tilde{x}_2 = 1/2$ und $\operatorname{E} \tilde{x}_3 = 1/2$ sowie die Varianzen

$$\begin{aligned} \operatorname{var} \tilde{x}_1 &= \int_0^\infty \frac{3x_1^2}{(1+x_1)^4} dx_1 - \frac{1}{4} = \left[-\frac{x_1^2}{(1+x_1)^3} \right]_0^\infty + \int_0^\infty \frac{2x_1}{(1+x_1)^3} dx_1 - \frac{1}{4} \\ &= \frac{3}{4} \quad , \end{aligned}$$

$\operatorname{var}\tilde{x}_2 = 3/4$ und $\operatorname{var}\tilde{x}_3 = 3/4$. Mit

$$\operatorname{cov}\tilde{x}_1, \tilde{x}_2 = \int_0^\infty \int_0^\infty \frac{12x_1x_2}{(1+x_1+x_2)^5} dx_1 dx_2 - \left(\frac{1}{2}\right)^2$$

$$= \int_0^\infty \underbrace{\left[-\frac{3x_1x_2}{(1+x_1+x_2)^4} \right]_{x_1=0}^{x_1=\infty}}_{=0} dx_2 + \int_0^\infty \int_0^\infty \frac{3x_2}{(1+x_1+x_2)^4} dx_1 dx_2 - \frac{1}{4}$$

$$= \int_0^\infty \left[-\frac{x_2}{(1+x_1+x_2)^3} \right]_{x_1=0}^{x_1=\infty} dx_2 - \frac{1}{4}$$

$$= \int_0^\infty \frac{x_2}{(1+x_2)^3} dx_2 - \frac{1}{4} = \frac{1}{4}$$

erhält man schließlich die Varianz-Kovarianz-Matrix

$$\mathbf{\Sigma} = \begin{pmatrix} \frac{3}{4} & \frac{1}{4} & 0 \\ \frac{1}{4} & \frac{3}{4} & 0 \\ 0 & 0 & \frac{3}{4} \end{pmatrix}$$

des Zufallsvektors $(\tilde{x}_1, \tilde{x}_2, \tilde{x}_3)$.

c) Da $(\tilde{x}_1, \tilde{x}_3)$ zwei stochastisch unabhängige Zufallsvariablen umfasst, ist

$$\mathrm{E}\,\tilde{x}_1\tilde{x}_3 = \mathrm{E}\,\tilde{x}_1 \cdot \mathrm{E}\,\tilde{x}_3 = \frac{1}{4}$$

und $\mathrm{E}\,(\tilde{x}_1|x_3) = \mathrm{E}\,\tilde{x}_1 = 1/2$ sowie $\operatorname{var}(\tilde{x}_1|x_3) = \operatorname{var}\tilde{x}_1 = 3/4$.

d) Für $(\tilde{x}_1, \tilde{x}_2)$ gilt

$$\mathrm{E}\,(\tilde{x}_1|x_2) = \frac{(1+x_2)^4}{3} \int_0^\infty \frac{12x_1}{(1+x_1+x_2)^5} dx_1$$

$$= \frac{(1+x_2)^4}{3} \left(\left[\frac{-3x_1}{(1+x_1+x_2)^4} \right]_{x_1=0}^{x_1=\infty} + \int_0^\infty \frac{3}{(1+x_1+x_2)^4} dx_1 \right)$$

$$= \frac{(1+x_2)^4}{3} \cdot \frac{1}{(1+x_2)^3} = \frac{1}{3}(1+x_2)$$

$(x_2 > 0)$ und $\mathrm{E}\,(\tilde{x}_2|x_1) = (1+x_1)/3$. Die Regressionslinien sind in Abbildung 2.-4 veranschaulicht.

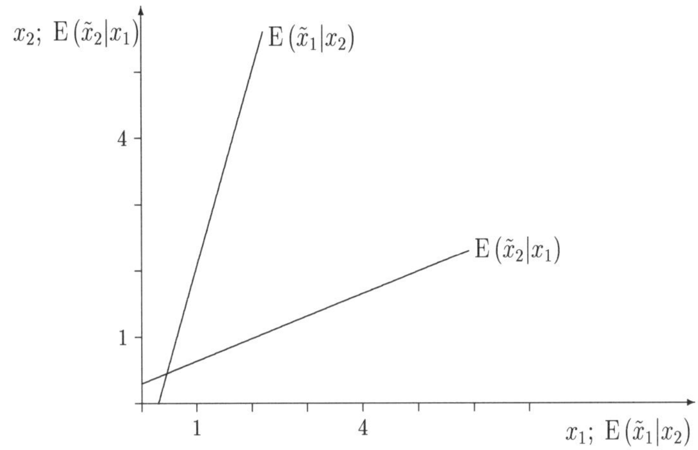

Abbildung 2.-4: Regressionskurven zu Lösung 2.-8 e)

2.3. Die zwei- und n-dimensionale Normalverteilung

Aufgabe 2.-9: Der Zufallsvektor $\tilde{\boldsymbol{x}} = (\tilde{x}_1, \tilde{x}_2, \tilde{x}_3)$ sei dreidimensional normalverteilt mit dem Vektor $(1 \;\; 2 \;\; 3)'$ der Erwartungswerte und der Varianz-Kovarianz-Matrix

$$\boldsymbol{\Sigma} = \begin{pmatrix} 1 & 0 & 0 \\ 0 & 4 & 0 \\ 0 & 0 & 9 \end{pmatrix} \quad .$$

a) Man errechne $W(\tilde{x}_1 \leq 2;\, \tilde{x}_2 \leq 2;\, \tilde{x}_3 \leq 2;)$, $W(\tilde{x}_1 \leq 2;\, \tilde{x}_2 \leq 2)$, $W(0 \leq \tilde{x}_1 \leq 2;\, 0 \leq \tilde{x}_2 \leq 2)$, $W(0 \leq \tilde{x}_1 \leq 2;\, 0 \leq \tilde{x}_2 \leq 2;\, 0 \leq \tilde{x}_3 \leq 2)$ und $W(0 \leq \tilde{x}_1 \leq 2;\, 0 \leq \tilde{x}_2 \leq 2|\tilde{x}_3 = 1)$.

b) Man ermittle $\mathrm{E}(\tilde{x}_1|x_2 = 1; x_3 = 2)$ und $\mathrm{var}(\tilde{x}_1|x_2 = 1; x_3 = 2)$.

Lösung 2.-9

Die Komponenten des normalverteilten Zufallsvektors $\tilde{\boldsymbol{x}} = (\tilde{x}_1, \tilde{x}_2, \tilde{x}_3)$ mit dem Vektor $(1\; 2\; 3)'$ der Erwartungswerte und der angegebenen Varianz-Kovarianz-Matrix sind stochastisch unabhängig.

a) Daher ist, wenn Φ die Verteilungsfunktion der Standardnormalverteilung bezeichnet,

$$\begin{aligned} W(\tilde{x}_1 \leq 2;\, \tilde{x}_2 \leq 2;\, \tilde{x}_3 \leq 2;) &= W(\tilde{x}_1 \leq 2) \cdot W(\tilde{x}_2 \leq 2) \cdot W(\tilde{x}_3 \leq 2) \\ &= \Phi\left(\frac{2-1}{1}\right) \cdot \Phi\left(\frac{2-2}{2}\right) \cdot \Phi\left(\frac{2-3}{3}\right) \\ &= \Phi(1) \cdot \Phi(0) \cdot \Phi(-0{,}33) \\ &= 0{,}8413 \cdot 0{,}5 \cdot 0{,}3707 = 0{,}1559 \quad , \end{aligned}$$

$$W(\tilde{x}_1 \leq 2; \tilde{x}_2 \leq 2) = 0{,}8413 \cdot 0{,}5 = 0{,}4207 \quad ,$$

$$\begin{aligned} W(0 \leq \tilde{x}_1 \leq 2; 0 \leq \tilde{x}_2 \leq 2) &= W(0 \leq \tilde{x}_1 \leq 2) \cdot W(0 \leq \tilde{x}_2 \leq 2) \\ &= \left[\Phi\left(\frac{2-1}{1}\right) - \Phi\left(\frac{0-1}{1}\right)\right]\left[\Phi\left(\frac{2-2}{2}\right) - \Phi\left(\frac{0-2}{2}\right)\right] \\ &= (0{,}8413 - 0{,}1587)(0{,}5 - 0{,}1587) \\ &= 0{,}2330 \quad , \end{aligned}$$

$$\begin{aligned} &W(0 \leq \tilde{x}_1 \leq 2; 0 \leq \tilde{x}_2 \leq 2;\ 0 \leq \tilde{x}_3 \leq 2) \\ &\quad = 0{,}2330 \cdot \left[\Phi\left(\frac{2-3}{3}\right) - \Phi\left(\frac{0-3}{3}\right)\right] \\ &\quad = 0{,}2330(0{,}3707 - 0{,}1587) \\ &\quad = 0{,}0494 \end{aligned}$$

und

$$\begin{aligned} &W(0 \leq \tilde{x}_1 \leq 2; 0 \leq \tilde{x}_2 \leq 2 | \tilde{x}_3 = 1) \\ &\qquad = W(0 \leq \tilde{x}_1 \leq 2; 0 \leq \tilde{x}_2 \leq 2) = 0{,}2330 \quad . \end{aligned}$$

b) Da stochastische Unabhängigkeit vorliegt, ist

$$\mathrm{E}\,(\tilde{x}_1 | x_2 = 1; x_3 = 2) = \mathrm{E}\,\tilde{x}_1 = 1$$

und

$$\mathrm{var}\,(\tilde{x}_1 | x_2 = 1; x_3 = 2) = \mathrm{var}\,\tilde{x}_1 = 1 \quad .$$

Aufgabe 2.-10: Der Zufallsvektor $\tilde{\boldsymbol{x}} = (\tilde{x}_1, \tilde{x}_2, \tilde{x}_3)$ sei dreidimensional normalverteilt mit dem Vektor $(1\ \ 2\ \ 3)'$ der Erwartungswerte und der Varianz-Kovarianz-Matrix

$$\boldsymbol{\Sigma} = \begin{pmatrix} 1 & 0{,}6 & 0 \\ 0{,}6 & 4 & 0 \\ 0 & 0 & 9 \end{pmatrix} \quad .$$

a) Man gebe die Verteilung von $\tilde{x}_3$ unter der Bedingung $\{\tilde{x}_1 = 0; \tilde{x}_2 = 0\}$ an.

b) Man gebe die Verteilung von $\tilde{x}_1$ unter der Bedingung $\{\tilde{x}_2 = 0; \tilde{x}_3 = 0\}$ an.

c) Man gebe die Verteilung von $\tilde{x}_2$ unter der Bedingung $\{\tilde{x}_1 = 0; \tilde{x}_3 = 0\}$ an.

d) Nun wird die verbundene Verteilung von $(\tilde{x}_1, \tilde{x}_2)$ betrachtet. Man gebe die beiden Regressionskurven an.

e) Man gebe den geometrischen Ort aller Punkte (x_1, x_2) an, für welche die Dichtefunktion von $(\tilde{x}_1, \tilde{x}_2)$ den Wert $(16\pi)^{-1}$ aufweist, und kennzeichne diesen im einzelnen.

Lösung 2.-10

a) Aus der angegebenen Varianz-Kovarianz-Matrix wird ersichtlich, dass $(\tilde{x}_1, \tilde{x}_2)$ und $\tilde{x}_3$ stochastisch unabhängig sind. Daher ist die Verteilung von $\tilde{x}_3$ N(3; 9).

b) Aus diesem Grund kann die Verteilung von $\tilde{x}_1$ unter der Bedingung $\{\tilde{x}_2 = 0; \tilde{x}_3 = 0\}$ als Verteilung von $\tilde{x}_1$ unter der Bedingung $\{\tilde{x}_2 = 0\}$ mit Satz 2.-15

$$\mathrm{N}\left[1 + \frac{0{,}6}{1 \cdot 2} \cdot \frac{1}{2}(0 - 2); 1 \cdot (1 - \frac{0{,}6^2}{2^2})\right] = \mathrm{N}(0{,}7;\ 0{,}91)$$

errechnet werden.

c) Entsprechend ist die Verteilung von $\tilde{x}_2$ unter der Bedingung $\{\tilde{x}_1 = 0; \tilde{x}_3 = 0\}$ als Verteilung von $\tilde{x}_2$ unter der Bedingung $\{\tilde{x}_1 = 0\}$ nach Satz 2.-15 durch

$$\mathrm{N}\left[2 + 0{,}3 \cdot \frac{2}{1}(0 - 1); 4 \cdot (1 - 0{,}3^2)\right] = \mathrm{N}(1{,}4;\ 3{,}64)$$

anzugeben.

d) Die beiden Regressionskurven sind

$$\mathrm{E}\,(\tilde{x}_1|x_2) = 1 + 0{,}3 \cdot \frac{1}{2}(x_2 - 2) = 0{,}7 + 0{,}15x_2$$

und

$$\mathrm{E}\,(\tilde{x}_2|x_1) = 2 + 0{,}3 \cdot \frac{2}{1}(x_1 - 1) = 1{,}4 + 0{,}6x_1 \quad .$$

e) Unter Berücksichtigung der Dichtefunktion von $(\tilde{x}_1, \tilde{x}_2)$ muss (vgl. Definition 2.-22)

$$\frac{2\pi \cdot 1 \cdot 2 \cdot \sqrt{0{,}91}}{16\pi}$$
$$= \exp\left(-\frac{1}{2(1 - 0{,}3^2)}\left[(x_1 - 1)^2 - 0{,}6(x_1 - 1)\left(\frac{x_2 - 2}{2}\right) + \left(\frac{x_2 - 2}{2}\right)^2\right]\right) ,$$

also

$$(x_1-1)^2-0{,}6(x_1-1)\left(\frac{x_2-2}{2}\right)+\left(\frac{x_2-2}{2}\right)^2=2{,}8669$$

sein. Dies ist die Funktionsgleichung einer Ellipse mit Mittelpunkt (1;2), welche durch den Winkel δ mit

$$\tan(2\delta)=\frac{2\cdot 0{,}3\cdot 1\cdot 2}{1-4}=-0{,}4\quad ,$$

also $\delta=-10{,}9°$, zwischen Abszissenachse und Hauptachse gekennzeichnet ist.

2.4. Funktionen von Zufallsvektoren und deren Verteilung

Aufgabe 2.-11: Der diskrete Zufallsvektor $\tilde{\boldsymbol{x}}=(\tilde{x}_1,\tilde{x}_2)$ habe die Wahrscheinlichkeitsfunktion

$$f_{\tilde{\boldsymbol{x}}}(\tilde{x}_1,\tilde{x}_2)=\begin{cases}\frac{1}{60}x_1x_2 & \text{für}\quad x_1=1,\ 2,\ 3,\ 4\ \wedge\ x_2=1,\ 2,\ 3\\ 0 & \text{sonst}\end{cases}\quad .$$

a) Der Zufallsvektor $\tilde{\boldsymbol{y}}=(\tilde{y}_1,\tilde{y}_2)$ ist durch

$$\tilde{y}_1=\tilde{x}_1+\tilde{x}_2\quad\text{und}\quad\tilde{y}_2=\tilde{x}_1-\tilde{x}_2$$

definiert. Man ermittle die verbundene Wahrscheinlichkeitsfunktion von $\tilde{\boldsymbol{y}}$.

b) Der Zufallsvektor $\tilde{\boldsymbol{z}}=(\tilde{z}_1,\tilde{z}_2)$ ist durch

$$\tilde{z}_1=\tilde{\max}\ x_1,x_2\quad\text{und}\quad\tilde{z}_2=\tilde{\min}\ x_1,x_2$$

definiert. Man ermittle die Wahrscheinlichkeitsfunktion von $\tilde{\boldsymbol{z}}$.

Lösung 2.-11

a) Die Transformation

$$(\tilde{y}_1,\tilde{y}_2)=(\tilde{x}_1+\tilde{x}_2;\tilde{x}_1-\tilde{x}_2)$$

ist umkehrbar (vgl. Beispiel 2.-21 b)) und hat die Umkehrfunktion

$$(\tilde{x}_1,\tilde{x}_2)=\left(\frac{\tilde{y}_1+\tilde{y}_2}{2};\frac{\tilde{y}_1-\tilde{y}_2}{2}\right)\quad .$$

Im vorliegenden Fall bedeutet dies, dass es zu jeder möglichen Ausprägung von $(\tilde{x}_1, \tilde{x}_2)$ *genau* eine mögliche Ausprägung von $(\tilde{y}_1, \tilde{y}_2)$ gibt, welcher dieselbe Wahrscheinlichkeit zugeordnet ist. Der Wertebereich von $(\tilde{y}_1, \tilde{y}_2)$ kann angesichts der Menge möglicher Werte von $(\tilde{x}_1, \tilde{x}_2)$ durch die 12 Punkte (2; 0); (3; -1); (4; -2); (3; 1); (4; 0); (5; -1); (4; 2); (5; 1); (6; 0); (5; 3); (6; 2); (7; 1) vollständig angegeben werden. Die Wahrscheinlichkeitsfunktion hat in diesen Punkten den jeweiligen Wert

$$f_{\tilde{\mathbf{y}}}(y_1, y_2) = \frac{1}{240}(y_1^2 - y_2^2) \quad .$$

b) Die Transformation

$$(\tilde{z}_1, \tilde{z}_2) = (\widetilde{\max}\ x_1, x_2; \widetilde{\min}\ x_1, x_2)$$

ist nicht umkehrbar. Man tabelliert die möglichen Werte von $\tilde{z}_1$ und $\tilde{z}_2$ gemäß

x_1	x_2	z_1	z_2	$f_{\tilde{\mathbf{x}}}(x_1, x_2)$
1	1	1	1	1/60
	2	2	1	2/60
	3	3	1	3/60
2	1	2	1	2/60
	2	2	2	4/60
	3	3	2	6/60
3	1	3	1	3/60
	2	3	2	6/60
	3	3	3	9/60
4	1	4	1	4/60
	2	4	2	8/60
	3	4	3	12/60

und entnimmt dieser die Menge der möglichen Ausprägungen mit zugehörigen Wahrscheinlichkeiten. Es resultiert schließlich:

(z_1, z_2)	(1; 1)	(2; 1)	(2; 2)	(3; 1)	(3; 2)	(3; 3)	(4; 1)	(4; 2)	(4; 3)
$f_{\tilde{\mathbf{z}}}(z_1, z_2)$	$\frac{1}{60}$	$\frac{4}{60}$	$\frac{4}{60}$	$\frac{6}{60}$	$\frac{12}{60}$	$\frac{9}{60}$	$\frac{4}{60}$	$\frac{8}{60}$	$\frac{12}{60}$

Aufgabe 2.-12: Der Zufallsvektor $(\tilde{x}_1, \tilde{x}_2)$ habe die Dichtefunktion

$$f_{\tilde{\boldsymbol{x}}}(x_1, x_2) = \begin{cases} \dfrac{6}{x_1^3 \cdot x_2^4} & \text{für} \quad x_1, x_2 > 1 \\ 0 & \text{sonst} \end{cases} .$$

a) Man ermittle den Wertebereich und die Dichtefunktion des Zufallsvektors $\tilde{\boldsymbol{y}}$, der durch $\tilde{y}_1 = \tilde{x}_1 \cdot \tilde{x}_2$ und $\tilde{y}_2 = \tilde{x}_2$ definiert ist.

b) Man ermittle die Randdichtefunktionen von $\tilde{y}_1$ und $\tilde{y}_2$.

c) Man ermittle die bedingte Dichtefunktion von $\tilde{y}_1$ für den Fall, dass $\{\tilde{y}_2 = 2\}$ ist, und von $\tilde{y}_2$ für den Fall, dass $\{\tilde{y}_1 = 2\}$ ist.

Lösung 2.-12

Die gegebene Dichtefunktion ist

$$f_{\tilde{\boldsymbol{x}}}(x_1, x_2) = \begin{cases} \dfrac{6}{x_1^3 \cdot x_2^4} & \text{für} \quad x_1, x_2 > 1 \\ 0 & \text{sonst} \end{cases} .$$

a) Die Transformation

$$\tilde{\boldsymbol{y}} = (\tilde{y}_1, \tilde{y}_2) = (\tilde{x}_1 \cdot \tilde{x}_2; \tilde{x}_2)$$

ist eineindeutig und führt zu der Umkehrfunktion

$$\tilde{\boldsymbol{x}} = (\tilde{x}_1, \tilde{x}_2) = \left(\frac{\tilde{y}_1}{\tilde{y}_2}; \tilde{y}_2 \right) .$$

Der Wertebereich von $\tilde{\boldsymbol{y}}$ ist durch $y_2 > 1$ und $y_1/y_2 > 1$, also insgesamt durch

$$1 < y_2 < y_1$$

zu beschreiben und in Abbildung 2.-5 veranschaulicht.

Man errechnet den Betrag der JAKOBIschen Determinante durch

$$|J| = \begin{vmatrix} \dfrac{1}{y_2} & -\dfrac{y_1}{y_2^2} \\ 0 & 1 \end{vmatrix} = \frac{1}{y_2} .$$

Für den Wertebereich von $\tilde{\boldsymbol{y}}$ ist damit die Dichtefunktion

$$g_{\tilde{\boldsymbol{y}}}(y_1, y_2) = \frac{6}{y_1^3/y_2^3 \cdot y_2^4} \cdot \frac{1}{y_2} = \frac{6}{y_1^3 y_2^2} .$$

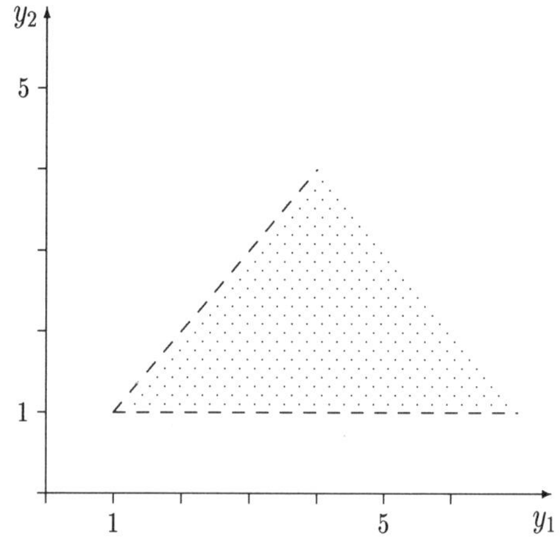

Abbildung 2.-5: Wertebereich des Zufallsvektors $\tilde{\boldsymbol{y}}$ gemäß Lösung 2.-12 a)

b) Die Randdichtefunktionen von $\tilde{y}_1$ bzw. $\tilde{y}_2$ sind angesichts der Resultate aus a)

$$g_{\tilde{y}_1}(y_1) = \int\limits_1^{y_1} \frac{6}{y_1^3 u_2^2} du_2 = \left[-\frac{6}{y_1^3 u_2}\right]_1^{y_1} = \frac{6}{y_1^3} - \frac{6}{y_1^4}$$

für $y_1 > 1$ bzw.

$$g_{\tilde{y}_2}(y_2) = \int\limits_{y_2}^{\infty} \frac{6}{u_1^3 y_2^2} du_1 = \left[-\frac{3}{u_1^2 y_2^2}\right]_{y_2}^{\infty} = \frac{3}{y_2^4}$$

für $y_2 > 1$.

c) Die bedingte Dichtefunktion von $\tilde{y}_1$ für den Fall, dass $\{\tilde{y}_2 = 2\}$ eintritt, ist

$$g_{\tilde{y}_1|2}(y_1|2) = \frac{6}{y_1^3 \cdot 2^2} \bigg/ \frac{3}{2^4} = \frac{8}{y_1^3}$$

für $y_1 > y_2 = 2$. Entsprechend ist die Dichtefunktion von $\tilde{y}_2$ für den Fall, dass $\{\tilde{y}_1 = 2\}$ eintritt,

$$g_{\tilde{y}_2|2}(y_2|2) = \frac{6}{2^3 \cdot y_2^2} \bigg/ \left(\frac{6}{2^3} - \frac{6}{2^4}\right) = \frac{2}{y_2^2}$$

für $1 < y_2 < 2$.

Aufgabe 2.-13: Der Zufallsvektor $\tilde{\boldsymbol{x}}$ habe die Dichtefunktion

$$f_{\tilde{\boldsymbol{x}}}(x_1, x_2) = \begin{cases} \frac{1}{4} & \text{für} \quad 2 \leq x_1 \leq 4;\ 1 \leq x_2 \leq 3 \\ 0 & \text{sonst} \end{cases} .$$

Man ermittle den Wertebereich und die Dichtefunktion des Zufallsvektors $\tilde{\boldsymbol{y}}$ mit $\tilde{y}_1 = \tilde{x}_1 + 2\tilde{x}_2$ und $\tilde{y}_2 = 2\tilde{x}_1 - \tilde{x}_2$.

Lösung 2.-13

Die gegebene Dichtefunktion von $\tilde{\boldsymbol{x}}$ ist

$$f_{\tilde{\boldsymbol{x}}}(x_1, x_2) = \begin{cases} \frac{1}{4} & \text{für} \quad 2 \le x_1 \le 4;\ 1 \le x_2 \le 3 \\ 0 & \text{sonst} \end{cases} \quad .$$

Für $\tilde{\boldsymbol{y}}$ mit $\tilde{y}_1 = \tilde{x}_1 + 2\tilde{x}_2$ und $\tilde{y}_2 = 2\tilde{x}_1 - \tilde{x}_2$ errechnet man mittels $\tilde{x}_1 = \tilde{y}_1 - 2\tilde{x}_2$ und $\tilde{x}_2 = 2\tilde{x}_1 - \tilde{y}_2$ die Umkehrtransformation

$$\tilde{x}_1 = \frac{1}{5}(\tilde{y}_1 + 2\tilde{y}_2) \quad \text{und} \quad \tilde{x}_2 = \frac{1}{5}(2\tilde{y}_1 - \tilde{y}_2) \quad .$$

Damit ergibt sich

$$J = \begin{vmatrix} \frac{1}{5} & \frac{2}{5} \\ \frac{2}{5} & -\frac{1}{5} \end{vmatrix} = -\frac{1}{5} \quad ,$$

also $|J| = 1/5$ und die Dichtefunktion

$$f_{\tilde{\boldsymbol{y}}}(y_1, y_2) = \frac{1}{20}$$

im Wertebereich von $\tilde{\boldsymbol{y}}$. Letzterer ist mittels

$$2 \le \frac{1}{5}(y_1 + 2y_2) \le 4$$

und

$$1 \le \frac{1}{5}(2y_1 - y_2) \le 3 \quad ,$$

also durch

$$y_2 \le -\frac{1}{2}y_1 + 10 \quad ;$$

$$y_2 \ge -\frac{1}{2}y_1 + 5 \quad ;$$

$$y_2 \le 2y_1 - 5 \quad ;$$

$$y_2 \ge 2y_1 - 15$$

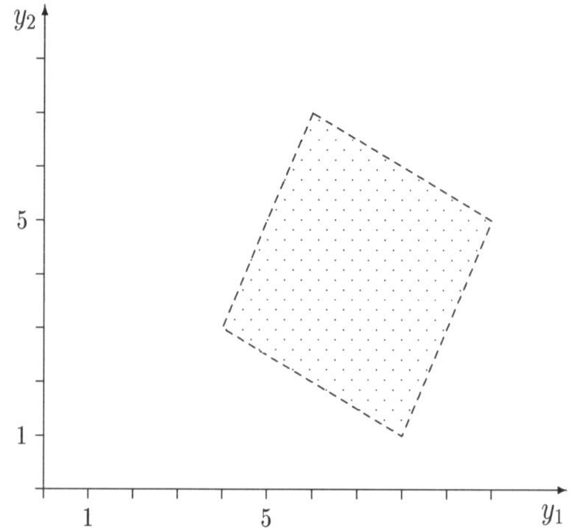

Abbildung 2.-6: Wertebereich des Zufallsvektors $\tilde{\boldsymbol{y}}$ gemäß Lösung 2.-13

zu beschreiben. Dies ist ein durch die Punkte $(6;7)$, $(4;3)$, $(10;5)$ und $(8;1)$ gekennzeichnetes Quadrat mit Fläche 20, das in Abbildung 2.-6 veranschaulicht wird.

Aufgabe 2.-14: Der Zufallsvektor $\tilde{\boldsymbol{x}}$ habe die Dichtefunktion

$$f_{\tilde{\boldsymbol{x}}}(x_1, x_2) = \begin{cases} 2 \cdot \exp(-2x_1 - x_2) & \text{für} \quad x_1, x_2 > 0 \\ 0 & \text{sonst} \end{cases} .$$

a) Der Zufallsvektor $\tilde{\boldsymbol{y}}$ ist durch

$$\tilde{y}_1 = \exp(\tilde{x}_1 + \tilde{x}_2) \quad \text{und} \quad \tilde{y}_2 = \exp(\tilde{x}_1 - \tilde{x}_2)$$

definiert. Man ermittle den Wertebereich und die Dichtefunktion von $\tilde{\boldsymbol{y}}$ sowie die beiden Randdichtefunktionen.

b) Der Zufallsvektor $\tilde{\boldsymbol{z}}$ ist durch

$$\tilde{z}_1 = \tilde{x}_1 + \tilde{x}_2 \quad \text{und} \quad \tilde{z}_2 = \tilde{x}_1 - \tilde{x}_2$$

definiert. Man ermittle den Wertebereich und die Dichtefunktion von $\tilde{\boldsymbol{z}}$ sowie die beiden Randdichtefunktionen.

c) Der Zufallsvektor $\tilde{\boldsymbol{u}}$ ist durch

$$\tilde{u}_1 = \frac{\tilde{x}_1}{\tilde{x}_2} \quad \text{und} \quad \tilde{u}_2 = \tilde{x}_2$$

definiert. Man ermittle den Wertebereich und die Dichtefunktion von $\tilde{\boldsymbol{u}}$ sowie die Randdichtefunktion von $\tilde{u}_1$.

Lösung 2.-14

Die gegebene Dichtefunktion ist

$$f_{\tilde{\boldsymbol{x}}}(x_1, x_2) = \begin{cases} 2 \cdot \exp(-2x_1 - x_2) & \text{für} \quad x_1, x_2 > 0 \\ 0 & \text{sonst} \end{cases} \quad ;$$

man vergleiche auch Beispiel 2.-26.

a) Für die Transformation

$$\tilde{y}_1 = \exp(\tilde{x}_1 + \tilde{x}_2) \quad \text{und} \quad \tilde{y}_2 = \exp(\tilde{x}_1 - \tilde{x}_2) \quad ,$$

die umkehrbar ist, errechnet man die Umkehrung

$$\tilde{x}_1 = \frac{1}{2}(\ln \tilde{y}_1 + \ln \tilde{y}_2) \quad \text{und} \quad \tilde{x}_2 = \frac{1}{2}(\ln \tilde{y}_1 - \ln \tilde{y}_2\} \quad .$$

Der Wertebereich von $\tilde{\boldsymbol{y}}$ ist durch $y_1 = \exp(x_1 + x_2) > 1$ sowie durch

$$0 < \frac{1}{2}(\ln y_1 + \ln y_2) \text{ , also } y_2 > \frac{1}{y_1}$$

und

$$0 < \frac{1}{2}(\ln y_1 - \ln y_2) \text{ , also } y_2 < y_1 \quad ,$$

also insgesamt durch

$$y_1 > 1 \wedge \frac{1}{y_1} < y_2 < y_1$$

gekennzeichnet. Er ist in Abbildung 2.-7 veranschaulicht.

Der Betrag der JAKOBIschen Determinante ist

$$|J| = \begin{vmatrix} \frac{1}{2y_1} & \frac{1}{2y_2} \\ \frac{1}{2y_1} & -\frac{1}{2y_2} \end{vmatrix} = \frac{1}{2y_1 y_2} \quad .$$

Somit ergibt sich die Dichtefunktion

$$\begin{aligned} g_{\tilde{\boldsymbol{y}}}(y_1, y_2) &= \frac{2}{2y_1 y_2} \exp\Big(-\frac{2}{2}(\ln y_1 + \ln y_2) - \frac{1}{2}(\ln y_1 - \ln y_2)\Big) \\ &= \frac{1}{y_1 y_2} y_1^{-\frac{3}{2}} \cdot y_2^{-\frac{1}{2}} = \frac{1}{y_1^{\frac{5}{2}} y_2^{\frac{3}{2}}} \end{aligned}$$

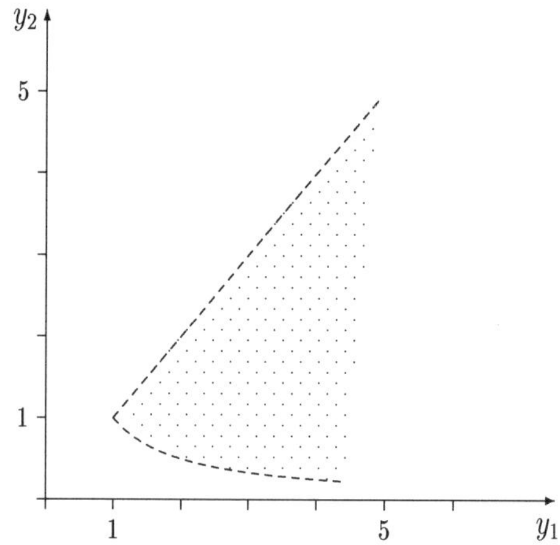

Abbildung 2.-7: Wertebereich des Zufallsvektors $\tilde{\boldsymbol{y}}$ gemäß Lösung 2.-14 a)

im Wertebereich von $\tilde{\boldsymbol{y}}$. Ansonsten ist $g_{\tilde{\boldsymbol{y}}}(y_1, y_2) = 0$.

Die Randdichtefunktion von $\tilde{y}_1$ lässt sich angesichts Abbildung 2.-7 mit

$$g_{\tilde{y}_1}(y_1) = \int\limits_{\frac{1}{y_1}}^{y_1} g_{\tilde{\boldsymbol{y}}}(y_1, y_2)\, dy_2 = \left[-2y_1^{-\frac{5}{2}} \cdot y_2^{-\frac{1}{2}}\right]_{y_2=\frac{1}{y_1}}^{y_2=y_1} = 2 \cdot \frac{y_1 - 1}{y_1^3}$$

für $y_1 > 1$ angeben. Zur Ermittlung der Randdichtefunktion von $\tilde{y}_2$ müssen die Fälle $0 < y_2 < 1$ und $y_2 \geq 1$ getrennt betrachtet werden. Für $0 < y_2 < 1$ ist

$$g_{\tilde{y}_2}(y_2) = \int\limits_{\frac{1}{y_2}}^{\infty} g_{\tilde{\boldsymbol{y}}}(y_1, y_2)\, dy_1 = \int\limits_{\frac{1}{y_2}}^{\infty} y_1^{-\frac{5}{2}} \cdot y_2^{-\frac{3}{2}}\, dy_1$$

$$= \left[-\frac{2}{3} y_1^{-\frac{3}{2}} y_2^{-\frac{3}{2}}\right]_{y_1=\frac{1}{y_2}}^{y_1=\infty} = \frac{2}{3} \quad ;$$

für $y_2 \geq 1$ erhält man dagegen

$$g_{\tilde{y}_2}(y_2) = \int\limits_{y_2}^{\infty} g_{\tilde{\boldsymbol{y}}}(y_1, y_2)\, dy_1 = \left[-\frac{2}{3} y_1^{-\frac{3}{2}} y_2^{-\frac{3}{2}}\right]_{y_1=y_2}^{y_1=\infty} = \frac{2}{3 \cdot y_2^3} \quad .$$

b) Für die Transformation

$$\tilde{z}_1 = \tilde{x}_1 + \tilde{x}_2 \quad \text{und} \quad \tilde{z}_2 = \tilde{x}_1 - \tilde{x}_2 \quad ,$$

die umkehrbar ist, resultiert die Umkehrung

$$\tilde{x}_1 = \frac{1}{2}(\tilde{z}_1 + \tilde{z}_2) \quad \text{und} \quad \tilde{x}_2 = \frac{1}{2}(\tilde{z}_1 - \tilde{z}_2) \quad .$$

Der Wertebereich von $\tilde{\boldsymbol{z}}$ ist durch

$$\frac{1}{2}(z_1 + z_2) > 0 \quad \text{und} \quad \frac{1}{2}(z_1 - z_2) > 0 \quad ,$$

also durch

$$z_1 > 0 \wedge -z_1 < z_2 < z_1$$

gekennzeichnet und in Abbildung 2.-8 veranschaulicht.

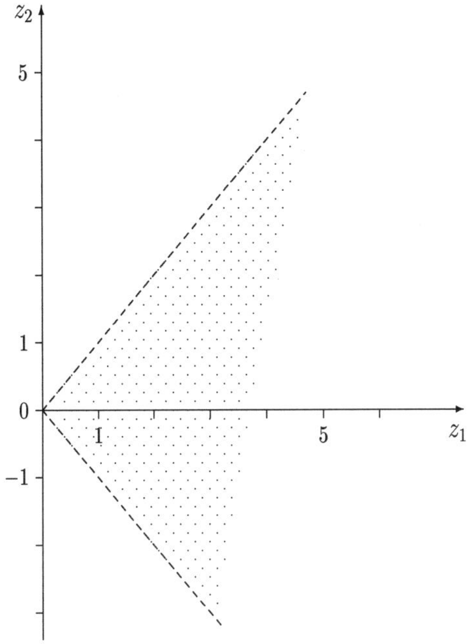

Abbildung 2.-8: Wertebereich des Zufallsvektors $\tilde{\boldsymbol{z}}$ gemäß Lösung 2.-14 b)

Der Betrag der JAKOBIschen Determinante ist

$$J = \begin{vmatrix} \frac{1}{2} & \frac{1}{2} \\ \frac{1}{2} & -\frac{1}{2} \end{vmatrix} = \frac{1}{2} \quad .$$

Somit ergibt sich die Dichtefunktion

$$g_{\tilde{\boldsymbol{z}}}(z_1, z_2) = \exp\left(-\frac{3}{2}z_1 - \frac{1}{2}z_2\right) \quad .$$

Die Randdichtefunktion von $\tilde{z}_1$ lässt sich angesichts Abbildung 2.-8 mit

$$g_{\tilde{z}_1}(z_1) = \int_{-z_1}^{+z_1} g_{\tilde{\mathbf{z}}}(z_1, z_2)\, dz_2 = \int_{-z_1}^{+z_1} \exp\left(-\frac{3}{2}z_1 - \frac{1}{2}z_2\right) dz_2$$
$$= \left[-2\exp\left(-\frac{3}{2}z_1 - \frac{1}{2}z_2\right)\right]_{z_2=-z_1}^{z_2=z_1} = 2 \cdot (\mathrm{e}^{-z_1} - \mathrm{e}^{-2z_1})$$

für $z_1 > 0$ angeben. Bei der Ermittlung der Randdichtefunktion von $\tilde{z}_2$ sind die Fälle $z_2 \geq 0$ und $z_2 < 0$ zu unterscheiden. Für $z_2 \geq 0$ ist

$$g_{\tilde{z}_2}(z_2) = \int_{z_2}^{\infty} g_{\tilde{\mathbf{z}}}(z_1, z_2)\, dz_1 = \int_{z_2}^{\infty} \exp\left(-\frac{3}{2}z_1 - \frac{1}{2}z_2\right) dz_1$$
$$= \left[-\frac{2}{3}\exp\left(-\frac{3}{2}z_1 - \frac{1}{2}z_2\right)\right]_{z_1=z_2}^{z_1=\infty} = \frac{2}{3}\mathrm{e}^{-2z_2} \quad ;$$

für $z_2 < 0$ resultiert

$$g_{\tilde{z}_2}(z_2) = \int_{-z_2}^{\infty} g_{\tilde{\mathbf{z}}}(z_1, z_2)\, dz_1 = \left[-\frac{2}{3}\exp\left(-\frac{3}{2}z_1 - \frac{1}{2}z_2\right)\right]_{z_1=-z_2}^{z_1=\infty} = \frac{2}{3}\mathrm{e}^{z_2} \quad .$$

c) Für die Transformation

$$\tilde{u}_1 = \frac{\tilde{x}_1}{\tilde{x}_2} \quad \text{und} \quad \tilde{u}_2 = \tilde{x}_2$$

ergibt sich die Umkehrfunktion

$$\tilde{x}_1 = \tilde{u}_1 \cdot \tilde{u}_2 \quad \text{und} \quad \tilde{x}_2 = \tilde{u}_2$$

und der Wertebereich $u_1 > 0 \wedge u_2 > 0$; die JAKOBIsche Determinante ist

$$J = \begin{vmatrix} u_2 & u_1 \\ 0 & 1 \end{vmatrix} = u_2 \quad .$$

Somit resultiert die Dichtefunktion

$$g_{\tilde{\mathbf{u}}}(u_1, u_2) = \begin{cases} 2u_2 \exp(-2u_1u_2 - u_2) & \text{für} \quad u_1, u_2 > 0 \\ 0 & \text{sonst} \end{cases} \quad .$$

Die Randdichtefunktion von $\tilde{u}_1$ ist

$$g_{\tilde{u}_1}(u_1) = \int_0^{\infty} 2u_2 \exp\left(-(2u_1 + 1) \cdot u_2\right) du_2$$

$$
\begin{aligned}
&= \left[-\frac{2u_2}{2u_1+1}\exp(-(2u_1+1)\cdot u_2)\right]_{u_2=0}^{u_2=\infty} \\
&\quad + \frac{2}{2u_1+1}\int\limits_0^\infty \exp(-(2u_1+1)\cdot u_2)\,du_2 \\
&= 0 + \left[-\frac{2}{(2u_1+1)^2}\exp(-(2u_1+1)\cdot u_2)\right]_{u_2=0}^{u_2=\infty} \\
&= \frac{2}{(2u_1+1)^2} \quad .
\end{aligned}
$$

Aufgabe 2.-15: Der Zufallsvektor $\tilde{\boldsymbol{x}}$ habe die Dichtefunktion

$$
f_{\tilde{\boldsymbol{x}}}(x_1, x_2) = \begin{cases} \dfrac{1}{2} & \text{für} \quad 1 \leq x_1 \leq 2 \wedge 1 \leq x_2 \leq 3 \\ 0 & \text{sonst} \end{cases} \quad .
$$

a) Man ermittle den Wertebereich und die Dichtefunktion des Zufallsvektors, der durch $\tilde{y}_1 = \tilde{x}_1 + \tilde{x}_2$ und $\tilde{y}_2 = \tilde{x}_2$ definiert ist, sowie die Randdichtefunktion von $\tilde{y}_1$.

b) Man ermittle den Wertebereich und die Dichtefunktion des Zufallsvektors, der durch $\tilde{z}_1 = \tilde{x}_1 - \tilde{x}_2$ und $\tilde{z}_2 = \tilde{x}_2$ definiert ist, sowie die Randdichtefunktion von $\tilde{z}_1$.

c) Man ermittle den Wertebereich und die Dichtefunktion des Zufallsvektors, der durch $\tilde{u}_1 = \tilde{x}_1 \cdot \tilde{x}_2$ und $\tilde{u}_2 = \tilde{x}_2$ definiert ist, sowie die Randdichtefunktion von $\tilde{u}_1$.

d) Man ermittle den Wertebereich und die Dichtefunktion des Zufallsvektors, der durch $\tilde{v}_1 = \tilde{x}_1/\tilde{x}_2$ und $\tilde{v}_2 = \tilde{x}_2$ definiert ist, sowie die Randdichtefunktion von $\tilde{v}_1$.

Lösung 2.-15

a) Für die Transformation

$$
\tilde{y}_1 = \tilde{x}_1 + \tilde{x}_2 \quad \text{und} \quad \tilde{y}_2 = \tilde{x}_2 \quad ,
$$

die eineindeutig ist, errechnet man die Umkehrfunktion

$$
\tilde{x}_1 = \tilde{y}_1 - \tilde{y}_2 \quad \text{und} \quad \tilde{x}_2 = \tilde{y}_2 \quad .
$$

Der Wertebereich von $\tilde{\boldsymbol{y}}$ ist durch

$$
1 \leq \tilde{y}_1 - \tilde{y}_2 \leq 2 \wedge 1 \leq \tilde{y}_2 \leq 3 \quad ,
$$

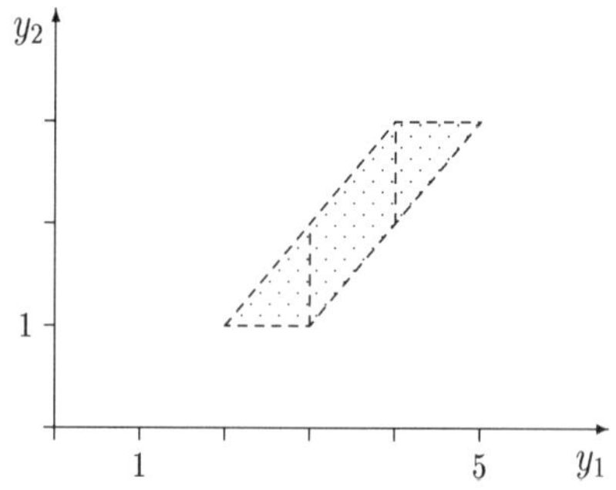

Abbildung 2.-9: Wertebereich des Zufallsvektors $\tilde{\boldsymbol{y}}$ gemäß Lösung 2.-15 a)

also

$$\tilde{y}_2 \geq \tilde{y}_1 - 2 \wedge \tilde{y}_2 \leq \tilde{y}_1 - 1 \wedge 1 \leq \tilde{y}_2 \leq 3$$

gegeben und in Abbildung 2.-9 veranschaulicht.

Die JAKOBIsche Determinante ist

$$J = \begin{vmatrix} 1 & -1 \\ 0 & 1 \end{vmatrix} = 1 \quad ;$$

damit ist die Dichtefunktion von $\tilde{\boldsymbol{y}}$

$$f_{\tilde{\boldsymbol{y}}}(y_1, y_2) = \begin{cases} \frac{1}{2} & \text{für} \quad y_2 \geq y_1 - 2 \wedge y_2 \leq y_1 - 1 \wedge 1 \leq y_2 \leq 3 \\ 0 & \text{sonst} \end{cases} \quad .$$

Die Ermittlung der Randdichtefunktion von $\tilde{y}_1$ erfordert eine Fallunterscheidung (vgl. Abbildung 2.-9).

1. Für $2 \leq y_1 < 3$ ist

$$f_{\tilde{y}_1}(y_1) = \int\limits_{1}^{y_1-1} \frac{1}{2}\, dy_2 = \left[\frac{1}{2} y_2\right]_{y_2=1}^{y_2=y_1-1} = \frac{1}{2} y_1 - 1 \quad ;$$

2. für $3 \leq y_1 < 4$ erhält man

$$f_{\tilde{y}_1}(y_1) = \int\limits_{y_1-2}^{y_1-1} \frac{1}{2}\, dy_2 = \left[\frac{1}{2} y_2\right]_{y_2=y_1-2}^{y_2=y_1-1} = \frac{1}{2} \quad ;$$

3. für $4 \leq y_1 \leq 5$ resultiert

$$f_{\tilde{y}_1}(y_1) = \int\limits_{y_1-2}^{3} \frac{1}{2}\, dy_2 = \left[\frac{1}{2} y_2\right]_{y_2=y_1-2}^{y_2=3} = \frac{1}{2}(5 - y_1) \quad ;$$

ansonsten ist $f_{\tilde{y}_1}(y_1) = 0$.

b) Für die Transformation

$$\tilde{z}_1 = \tilde{x}_1 - \tilde{x}_2 \quad \text{und} \quad \tilde{z}_2 = \tilde{x}_2 \quad ,$$

die eineindeutig ist, erhält man die Umkehrfunktion

$$\tilde{x}_1 = \tilde{z}_1 + \tilde{z}_2 \quad \text{und} \quad \tilde{x}_2 = \tilde{z}_2 \quad .$$

Der Wertebereich von $\tilde{\boldsymbol{z}}$ ist durch

$$1 \leq \tilde{z}_1 + \tilde{z}_2 \leq 2 \wedge 1 \leq \tilde{z}_2 \leq 3 \quad ,$$

also

$$\tilde{z}_2 \geq 1 - \tilde{z}_1 \wedge \tilde{z}_2 \leq 2 - \tilde{z}_1 \wedge 1 \leq \tilde{z}_2 \leq 3$$

gegeben und in Abbildung 2.-10 veranschaulicht.

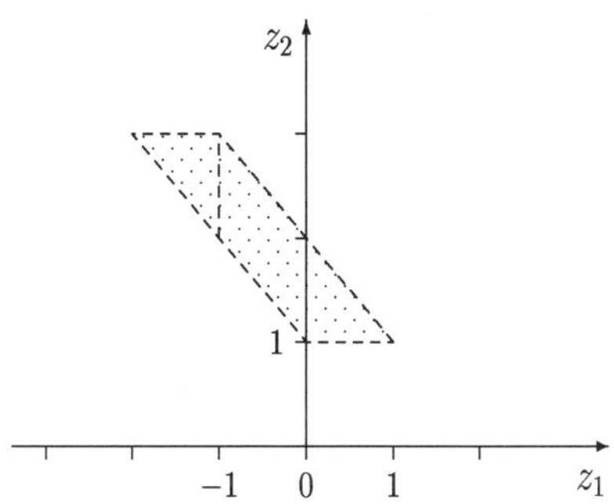

Abbildung 2.-10: Wertebereich des Zufallsvektors $\tilde{\boldsymbol{z}}$ gemäß Lösung 2.-15 b)

Die JAKOBIsche Determinante ist

$$J = \begin{vmatrix} 1 & 1 \\ 0 & 1 \end{vmatrix} = 1 \quad ;$$

damit ergibt sich die Dichtefunktion

$$f_{\tilde{\boldsymbol{z}}}(z_1, z_2) = \begin{cases} \frac{1}{2} & \text{für} \quad z_2 \geq 1 - z_1 \wedge z_2 \leq 2 - z_1 \wedge 1 \leq z_2 \leq 3 \\ 0 & \text{sonst} \end{cases} \quad .$$

Die Ermittlung der Randdichtefunktion von $\tilde{z}_1$ benötigt wiederum eine Fallunterscheidung (vgl. Abbildung 2.-10).

1. Für $-2 \leq z_1 < -1$ ist

$$f_{\tilde{z}_1}(z_1) = \int\limits_{1-z_1}^{3} \frac{1}{2}\,dz_2 = \left[\frac{1}{2}z_2\right]_{z_2=1-z_1}^{z_2=3} = 1 + \frac{1}{2}z_1 \quad ;$$

2. für $-1 \leq z_1 < 0$ erhält man

$$f_{\tilde{z}_1}(z_1) = \int\limits_{1-z_1}^{2-z_1} \frac{1}{2}\,dz_2 = \left[\frac{1}{2}z_2\right]_{z_2=1-z_1}^{z_2=2-z_1} = \frac{1}{2} \quad ;$$

3. für $0 \leq z_1 \leq 1$ resultiert

$$f_{\tilde{z}_1}(z_1) = \int\limits_{1}^{2-z_1} \frac{1}{2}\,dz_2 = \left[\frac{1}{2}z_2\right]_{z_2=1}^{z_2=2-z_1} = \frac{1}{2}(1 - z_1) \quad ;$$

ansonsten ist $f_{\tilde{z}_1}(z_1) = 0$.

c) Für die Transformation

$$\tilde{u}_1 = \tilde{x}_1 \cdot \tilde{x}_2 \quad \text{und} \quad \tilde{u}_2 = \tilde{x}_2 \quad ,$$

die wieder eineindeutig ist, erhält man die Umkehrung

$$\tilde{x}_1 = \frac{\tilde{u}_1}{\tilde{u}_2} \quad \text{und} \quad \tilde{x}_2 = \tilde{u}_2 \quad .$$

Der Wertebereich von $\tilde{\boldsymbol{u}}$ ist durch

$$1 \leq \frac{\tilde{u}_1}{\tilde{u}_2} \leq 2 \quad \text{und} \quad 1 \leq \tilde{u}_2 \leq 3 \quad ,$$

also durch

$$\tilde{u}_2 \geq \frac{\tilde{u}_1}{2} \wedge \tilde{u}_2 \leq \tilde{u}_1 \wedge 1 \leq \tilde{u}_2 \leq 3$$

gegeben und in Abbildung 2.-11 veranschaulicht.

Die JAKOBIsche Determinante ist

$$J = \begin{vmatrix} \frac{1}{u_2} & -\frac{u_1}{u_2^2} \\ 0 & 1 \end{vmatrix} = \frac{1}{u_2} \quad ;$$

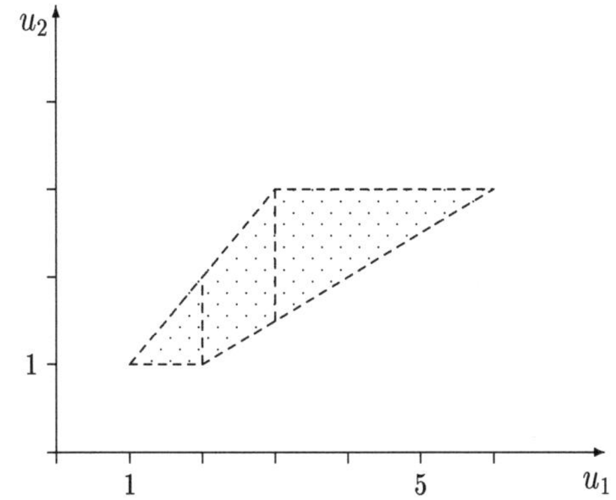

Abbildung 2.-11: Wertebereich des Zufallsvektors $\tilde{\boldsymbol{u}}$ gemäß Lösung 2.-15 c)

damit ist die Dichtefunktion von $\tilde{\boldsymbol{u}}$

$$f_{\tilde{\boldsymbol{u}}}(u_1, u_2) = \begin{cases} \dfrac{1}{2u_2} & \text{für} \quad u_2 \geq \dfrac{u_1}{2} \wedge u_2 \leq u_1 \wedge 1 \leq u_2 \leq 3 \\ 0 & \text{sonst} \end{cases} .$$

Die Ermittlung der Randdichtefunktion von $\tilde{u}_1$ macht wiederum die Unterscheidung von drei Fällen nötig.

1. Für $1 \leq u_1 < 2$ ist

$$f_{\tilde{u}_1}(u_1) = \int\limits_1^{u_1} \frac{1}{2u_2}\, du_2 = \left[\frac{1}{2}\ln u_2\right]_{u_2=1}^{u_2=u_1} = \frac{1}{2}\ln u_1 \quad ;$$

2. für $2 \leq u_1 < 3$ erhält man

$$f_{\tilde{u}_1}(u_1) = \int\limits_{\frac{1}{2}u_1}^{u_1} \frac{1}{2u_2}\, du_2 = \left[\frac{1}{2}\ln u_2\right]_{u_2=\frac{1}{2}u_1}^{u_2=u_1} = \frac{1}{2}\ln 2 \quad ;$$

3. für $3 \leq u_1 \leq 6$ ergibt sich

$$f_{\tilde{u}_1}(u_1) = \int\limits_{\frac{1}{2}u_1}^{3} \frac{1}{2u_2}\, du_2 = \left[\frac{1}{2}\ln u_2\right]_{u_2=\frac{1}{2}u_1}^{u_2=3} = \frac{1}{2}\ln\frac{6}{u_1} \quad ;$$

ansonsten ist $f_{\tilde{u}_1}(u_1) = 0$.

d) Für die Transformation

$$\tilde{v}_1 = \frac{\tilde{x}_1}{\tilde{x}_2} \quad \text{und} \quad \tilde{v}_2 = \tilde{x}_2 \quad ,$$

die ebenfalls eineindeutig ist, erhält man die Umkehrung

$$\tilde{x}_1 = \tilde{v}_1 \cdot \tilde{v}_2 \quad \text{und} \quad \tilde{x}_2 = \tilde{v}_2 \quad .$$

Der Wertebereich von $\tilde{\boldsymbol{v}}$ ist durch

$$1 \leq \tilde{v}_1 \cdot \tilde{v}_2 \leq 2 \quad \text{und} \quad 1 \leq \tilde{v}_2 \leq 3 \quad ,$$

also durch

$$\tilde{v}_2 \geq \frac{1}{\tilde{v}_1} \wedge \tilde{v}_2 \leq \frac{2}{\tilde{v}_1} \wedge 1 \leq \tilde{v}_2 \leq 3$$

gekennzeichnet und in Abbildung 2.-12 veranschaulicht.

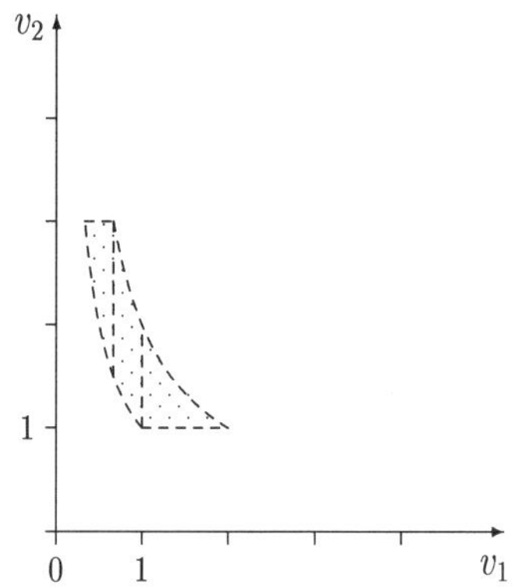

Abbildung 2.-12: Wertebereich des Zufallsvektors $\tilde{\boldsymbol{v}}$ gemäß Lösung 2.-15 d)

Die JAKOBIsche Determinante ist

$$J = \begin{vmatrix} v_2 & v_1 \\ 0 & 1 \end{vmatrix} = v_2 \quad ;$$

damit ist die Dichtefunktion von $\tilde{\boldsymbol{v}}$

$$f_{\tilde{\boldsymbol{v}}}(v_1, v_2) = \begin{cases} \frac{1}{2} v_2 & \text{für} \quad v_2 \geq \frac{1}{v_1} \wedge v_2 \leq \frac{2}{v_1} \wedge 1 \leq v_2 \leq 3 \\ 0 & \text{sonst} \end{cases} \quad .$$

Die Ermittlung der Randdichtefunktion $\tilde{v}_1$ erfordert wiederum eine Unterscheidung dreier Fälle (vgl. Abbildung 2.-12).

1. Für $\frac{1}{3} \leq v_1 < \frac{2}{3}$ ist

$$f_{\tilde{v}_1}(v_1) = \int\limits_{\frac{1}{v_1}}^{3} \frac{1}{2} v_2 \, dv_2 = \left[\frac{1}{4} v_2^2 \right]_{v_2=\frac{1}{v_1}}^{v_2=3} = \frac{1}{4}\left(9 - \frac{1}{v_1^2}\right) \quad ;$$

2. für $\frac{2}{3} \leq v_1 < 1$ resultiert

$$f_{\tilde{v}_1}(v_1) = \int\limits_{\frac{1}{v_1}}^{\frac{2}{v_1}} \frac{1}{2} v_2 \, dv_2 = \left[\frac{1}{4} v_2^2 \right]_{v_2=\frac{1}{v_1}}^{v_2=\frac{2}{v_1}} = \frac{3}{4v_1^2} \quad ;$$

3. schließlich erhält man für $1 \leq v_1 < 2$

$$f_{\tilde{v}_1}(v_1) = \int\limits_{1}^{\frac{2}{v_1}} \frac{1}{2} v_2 \, dv_2 = \left[\frac{1}{4} v_2^2 \right]_{v_2=1}^{v_2=\frac{2}{v_1}} = \frac{1}{v_1^2} - \frac{1}{4} \quad ;$$

ansonsten ist $f_{\tilde{v}_1}(v_1) = 0$.

Aufgabe 2.-16: Der Zufallsvektor $(\tilde{x}_1, \tilde{x}_2)$ habe die in Aufgabe 2.-12 angegebene Dichtefunktion. Mit Hilfe der Kurzformeln für elementare Transformationen (vgl. Abschnitt 2.4.4. des Lehrbuchs) berechne man

a) die Dichtefunktion von $\tilde{y}_P = \tilde{x}_1 \cdot \tilde{x}_2$

b) die Dichtefunktion von $\tilde{y}_Q = \tilde{x}_2 / \tilde{x}_1$.

Lösung 2.-16

a) Aus der Eingrenzung $x_1 > 1$, $x_2 > 1$ des Wertebereichs von $(\tilde{x}_1, \tilde{x}_2)$ ergibt sich mit $\tilde{y}_P = \tilde{x}_1 \cdot \tilde{x}_2$ die Bedingung $1 < \tilde{x}_1 < \tilde{y}_P$. Mit Hilfe der Kurzformeln für elementare Transformationen ergibt sich

$$g_{\tilde{y}_P}(y_P) = \int\limits_{-\infty}^{+\infty} f_{\tilde{\mathbf{x}}}(x_1; y_P/x_1) \cdot \frac{1}{|x_1|} \, dx_1$$

$$= \int\limits_{1}^{y_P} \frac{1}{|x_1|} \cdot \frac{6x_1^4}{x_1^3 y_P^4} \, dx_1 = \left[\frac{6}{y_P^4} x_1 \right]_{x_1=1}^{x_1=y_P}$$

$$= \frac{6}{y_P^4}(y_P - 1) \quad ,$$

also das bereits in Lösung Aufgabe 2.-12 erzielte Ergebnis.

b) Mit $\tilde{y}_Q = \tilde{x}_2/\tilde{x}_1$ folgt hier aus $x_1 > 1$ und $x_2 > 1$ die Bedingung $x_2 > 1/y_Q > 0$. Die Dichtefunktion von $\tilde{y}_Q$ ergibt sich durch eine Fallunterscheidung in Abhängigkeit der bindenden Bedingung bezüglich x_2.

Für $0 < y_Q < 1$ erhält man unter Verwendung der Kurzformeln für elementare Transformationen

$$g_{\tilde{y}_Q}(y_Q) = \int\limits_{1/y_Q}^{\infty} \frac{6|x_2|}{(x_2 y_Q)^3 x_2^4} dx_2 = \left[-\frac{6}{5} \cdot \frac{1}{x_2^5 y_Q^3} \right]_{x_2=1/y_Q}^{x_2=\infty} = \frac{6}{5} y_Q^2 \quad .$$

Für $y_Q \geq 1$ ergibt sich

$$g_{\tilde{y}_Q}(y_Q) = \int\limits_{1}^{\infty} \frac{6|x_2|}{(x_2 y_Q)^3 x_2^4} dx_2 = \left[-\frac{6}{5} \cdot \frac{1}{x_2^5 y_Q^3} \right]_{x_2=1}^{x_2=\infty} = \frac{6}{5 y_Q^3} \quad .$$

Kapitel 3

Momenterzeugende, charakteristische und erzeugende Funktionen

3.1. Momenterzeugende Funktionen: Definition, Existenz und einfache Eigenschaften

Aufgabe 3.-1: Man überprüfe die Existenz der momenterzeugenden Funktionen der Zufallsvariablen mit den nachfolgend angegebenen Dichtefunktionen und ermittle diese gegebenenfalls:

a) $$f_{\tilde{x}}(x) = \begin{cases} 1 & \text{für} \quad 0 \leq x \leq 1 \\ 0 & \text{sonst} \end{cases}$$

b) $$f_{\tilde{x}}(x) = \begin{cases} 0 & \text{für} \quad x \leq 1 \\ \dfrac{2}{x^3} & \text{sonst} \end{cases}$$

c) $$f_{\tilde{x}}(x) = \begin{cases} \lambda e^{-\lambda x} & \text{für} \quad x > 0 \quad (\lambda > 0) \\ 0 & \text{sonst} \end{cases}$$

d) $$f_{\tilde{x}}(x) = \begin{cases} x e^{-x} & \text{für} \quad x > 0 \\ 0 & \text{sonst} \end{cases} .$$

Lösung 3.-1

a) Da $\tilde{x}$ einen beschränkten Wertebereich hat, existiert die momenterzeugende Funktion. Sie ist mit

$$M_{\tilde{x}}(t) = \int_0^1 e^{tx}\,dx = \left[\frac{1}{t}e^{tx}\right]_0^1 = \frac{1}{t}(e^t - 1)$$

für $t \neq 0$ anzugeben. Die Stelle $t = 0$ kann mit Hilfe der Regeln von DE L'HOSPITAL stetig ergänzt werden. Es folgt:

$$\lim_{t\to 0} \frac{e^t - 1}{t} = \lim_{t\to 0} \frac{e^t}{1} = 1 \quad .$$

Man erhält schließlich:

$$M_{\tilde{x}}(t) = \begin{cases} \frac{1}{t}(e^t - 1) & \text{für } t \neq 0 \\ 1 & \text{für } t = 0 \end{cases} \quad .$$

b) Da (vgl. Beispiel 1.-9) das zweite Moment dieser Zufallsvariablen bereits nicht existiert, kann auch die momenterzeugende Funktion nicht existieren.

c) Man errechnet

$$\int_0^\infty \lambda \exp\left((t-\lambda)x\right)\,dx = \left[\frac{\lambda}{t-\lambda}\exp\left((t-\lambda)x\right)\right]_0^\infty$$

und ersieht, dass diese Funktion für $t < \lambda$ endlich ist. Die momenterzeugende Funktion existiert also und ist

$$M_{\tilde{x}}(t) = \frac{-\lambda}{t-\lambda} = \frac{\lambda}{\lambda - t} \quad .$$

d) Hier errechnet man mittels Produktintegration

$$\int_0^\infty x \exp\left((t-1)x\right)\,dx = \left[\frac{x}{t-1}\exp\left((t-1)x\right)\right]_0^\infty - \int_0^\infty \frac{\exp\left((t-1)x\right)}{t-1}\,dx$$

$$= \left[\frac{x}{t-1}\exp\left((t-1)x\right)\right]_0^\infty - \left[\frac{1}{(t-1)^2}\exp\left((t-1)x\right)\right]_0^\infty$$

und ersieht, dass diese Funktion für $t < 1$ endlich ist. Die momenterzeugende Funktion existiert also und ist

$$M_{\tilde{x}}(t) = \frac{1}{(t-1)^2} \quad .$$

Aufgabe 3.-2: Man ermittle die ersten beiden gewöhnlichen Momente der in Aufgabe 3.-1 a) angegebenen Zufallsvariablen mittels der momenterzeugenden Funktion.

Lösung 3.-2

Man leitet die momenterzeugende Funktion gemäß Lösung der Aufgabe 3.-1 a) zweimal nach t ab und erhält

$$M'_{\tilde{x}}(t) = \frac{te^t - (e^t - 1)}{t^2} = \frac{1}{t}e^t - \frac{1}{t^2}(e^t - 1)$$

und

$$\begin{aligned} M''_{\tilde{x}}(t) &= \frac{1}{t^2}(te^t - e^t) - \frac{1}{t^4}\left[t^2e^t - 2t(e^t - 1)\right] \\ &= \frac{1}{t}e^t - \frac{2}{t^2}e^t + \frac{2}{t^3}e^t - \frac{2}{t^3} \quad . \end{aligned}$$

Mit Hilfe der Regeln von DE L'HOSPITAL errechnet man damit

$$\mathrm{E}\,\tilde{x} = M'_{\tilde{x}}(0) = \lim_{t\to 0} \frac{te^t - e^t + 1}{t^2} = \lim_{t\to 0} \frac{e^t}{2} = \frac{1}{2}$$

und

$$\mathrm{E}\,\tilde{x}^2 = \lim_{t\to 0} \frac{t^2e^t - 2te^t + 2e^t - 2}{t^3} = \lim_{t\to 0} \frac{e^t}{3} = \frac{1}{3} \quad .$$

Aufgabe 3.-3: Man gebe für die in Aufgabe 3.-1 c) und d) genannten Zufallsvariablen mit Hilfe der momenterzeugenden Funktionen jeweils einen allgemeinen Ausdruck für das k-te gewöhnliche Moment an (vgl. Aufgabe 1.-19).

Lösung 3.-3

Man leitet die in der Lösung zu Aufgabe 3.-1 c) angegebene momenterzeugende Funktion nach t ab und erhält

$$M'_{\tilde{x}}(t) = \frac{1\cdot\lambda}{(\lambda - t)^2}\,;\; M''_{\tilde{x}}(t) = \frac{1\cdot 2\cdot\lambda}{(\lambda - t)^3}\,;\ldots;\; M^{(k)}_{\tilde{x}}(t) = \frac{k!\lambda}{(\lambda - t)^{k+1}}\,;\ldots .$$

Daraus errechnet man

$$\mathrm{E}\,\tilde{x}^k = M^{(k)}_{\tilde{x}}(0) = \frac{k!}{\lambda^k} \quad .$$

Für die momenterzeugende Funktion gemäß Lösung der Aufgabe 3.-1 d) ergibt sich entsprechend

$$M'_{\tilde{x}}(t) = \frac{-2}{(t-1)^3}\ ;\ M''_{\tilde{x}}(t) = \frac{+6}{(t-1)^4}\ ;\ldots;\ M^{(k)}_{\tilde{x}}(t) = \frac{(-1)^k(k+1)!}{(t-1)^{k+2}}\ ,$$

woraus man

$$\mathrm{E}\,\tilde{x}^k = M^{(k)}_{\tilde{x}}(0) = \frac{(-1)^k}{(-1)^{k+2}}(k+1)! = (k+1)!$$

erhält.

Aufgabe 3.-4: Man gebe allgemein die Funktion an, welche die zentralen Momente einer Zufallsvariablen erzeugt, und wende sie auf die ersten vier zentralen Momente der Normalverteilung $\mathrm{N}(\mu;\ \sigma^2)$ an (vgl. Aufgabe 1.-22).

Lösung 3.-4

Man geht zur linearen Funktion $\tilde{y} = \tilde{x} - \mathrm{E}\,\tilde{x}$ von $\tilde{x}$ über und erhält

$$M_{\tilde{y}}(t) = \exp(-t\mathrm{E}\,\tilde{x}) \cdot M_{\tilde{x}}(t) \quad .$$

Für die Normalverteilung ergibt sich mit

$$M_{\tilde{x}}(t) = \exp\left(\mu t + \frac{\sigma^2 t^2}{2}\right)$$

(vgl. Beispiel 3.-1 c)) und $\mathrm{E}\,\tilde{x} = \mu$

$$M_{\tilde{y}}(t) = \exp\left(\frac{\sigma^2 t^2}{2}\right) \quad .$$

Damit errechnet man

$$M'_{\tilde{y}}(t) = t\sigma^2 \exp\left(\frac{\sigma^2 t^2}{2}\right)$$

$$M''_{\tilde{y}}(t) = (t^2\sigma^4 + \sigma^2) \exp\left(\frac{\sigma^2 t^2}{2}\right)$$

$$M'''_{\tilde{y}}(t) = (t^3\sigma^6 + 3t\sigma^4) \exp\left(\frac{\sigma^2 t^2}{2}\right)$$

und

$$M^{(\mathrm{iv})}_{\tilde{y}}(t) = (t^4\sigma^8 + 6t^2\sigma^6 + 3\sigma^4) \exp\left(\frac{\sigma^2 t^2}{2}\right) \quad .$$

Somit resultiert

$$\begin{aligned} \mathrm{E}\,(\tilde{x}-\mu) &= M'_{\tilde{y}}(0) = 0 \\ \mathrm{E}\,(\tilde{x}-\mu)^2 &= M''_{\tilde{y}}(0) = \sigma^2 \\ \mathrm{E}\,(\tilde{x}-\mu)^3 &= M'''_{\tilde{y}}(0) = 0 \end{aligned}$$

und

$$\mathrm{E}\,(\tilde{x}-\mu)^4 = 3\sigma^4 \quad .$$

Aufgabe 3.-5: Man gebe die Verteilung der Zufallsvariablen an, welche die momenterzeugende Funktion

a) $M_{\tilde{x}}(t) = (0{,}6 + 0{,}4\mathrm{e}^t)^{20}$

b) $M_{\tilde{x}}(t) = \exp(\mathrm{e}^t - 1)$

c) $M_{\tilde{x}}(t) = \exp(t^2)$

d) $M_{\tilde{x}}(t) = \exp(t + t^2)$

e) $M_{\tilde{x}}(t) = \dfrac{4}{4-t}$

hat.

Lösung 3.-5

Die Verteilungen ergeben sich unter Berücksichtigung von Satz 3.-4 wie folgt:
a) Binomialverteilung mit $\theta = 0,4$ und $n = 20$ (vgl. Beispiel 3.-1 a));

b) POISSON-Verteilung mit $\lambda = 1$ (vgl. Beispiel 3.-1 b));

c) Normalverteilung mit $\mu = 0$ und $\sigma^2 = 2$ (vgl. Beispiel 3.-1));

d) Normalverteilung mit $\mu = 1$ und $\sigma^2 = 2$ (vgl. Beispiel 3.-1));

e) Exponentialverteilung mit $\lambda = 4$ (vgl. Lösung zu Aufgabe 3.-1 c)).

Aufgabe 3.-6: Einer Urne, die rote und schwarze Kugeln mit Anteilswerten θ und $(1-\theta)$ enthält, werden mit Zurücklegen so lange Kugeln entnommen, bis gerade r rote Kugeln resultieren. Die Zufallsvariable $\tilde{x}$ bezeichnet die Anzahl der vorzunehmenden Entnahmen (vgl. Aufgabe 1.-12; negative Binomialverteilung; PASCAL-Verteilung).

a) Man ermittle die momenterzeugende Funktion.

b) Für den Spezialfall $r = 1$ (geometrische Verteilung) errechne man Erwartungswert und Varianz.

Lösung 3.-6

a) Die momenterzeugende Funktion dieser Verteilung ist mit $s := x - r$

$$\begin{aligned} M_{\tilde{x}}(t) &= \sum_{x=r}^{\infty} e^{tx} \binom{x-1}{r-1} \theta^r (1-\theta)^{x-r} \\ &= \sum_{x=r}^{\infty} \binom{x-1}{r-1} (\theta e^t)^r \cdot [(1-\theta)e^t]^{x-r} \\ &= (\theta e^t)^r \sum_{s=0}^{\infty} \binom{r+s-1}{r-1} [(1-\theta)e^t]^s \\ &= (\theta e^t)^r \sum_{s=0}^{\infty} \binom{r+s-1}{s} [(1-\theta)e^t]^s . \end{aligned}$$

Nun liefert die verallgemeinerte Binomialreihe für $|q| < 1$

$$\begin{aligned} (1-q)^{-r} &= \sum_{s=0}^{\infty} (-1)^s \binom{-r}{s} q^s \\ &= \sum_{s=0}^{\infty} (-1)^{2s} \binom{r+s-1}{s} q^s \\ &= \sum_{s=0}^{\infty} \binom{r+s-1}{s} q^s ; \end{aligned}$$

dabei beachte man

$$\begin{aligned} \binom{-r}{s} &= \frac{(-r)(-r-1)\cdot \ldots \cdot (-r-s+1)}{s!} \\ &= (-1)^s \frac{r \cdot (r+1) \cdot \ldots \cdot (r+s-1)}{s!} \\ &= (-1)^s \binom{r+s-1}{s} . \end{aligned}$$

Für $q = (1-\theta)e^t$ ergibt sich

$$M_{\tilde{x}}(t) = (\theta e^t)^r \cdot [1-(1-\theta)e^t]^{-r} = \left[\frac{\theta e^t}{1-(1-\theta)e^t}\right]^r .$$

b) Für $r = 1$ ist speziell

$$M_{\tilde{x}}(t) = \frac{\theta e^t}{1 - (1-\theta)e^t} \quad ;$$

damit ergibt sich

$$M'_{\tilde{x}}(t) = \frac{\theta e^t}{[1 - (1-\theta)e^t]^2}$$

und

$$M''_{\tilde{x}}(t) = \frac{\theta e^t[1 + (1-\theta)e^t]}{[1 - (1-\theta)e^t]^3} \quad .$$

Somit erhält man

$$\mathrm{E}\,\tilde{x} = \frac{1}{\theta}$$

und

$$\operatorname{var}\tilde{x} = \frac{\theta(2-\theta)}{\theta^3} - \frac{1}{\theta^2} = \frac{1-\theta}{\theta^2} \quad .$$

3.2. Momenterzeugende Funktionen von Zufallsvektoren

Aufgabe 3.-7: Der Zufallsvektor $\tilde{\boldsymbol{x}}$ habe die Dichtefunktion

$$f_{\tilde{\boldsymbol{x}}}(\boldsymbol{x}) = \begin{cases} 2\exp(-x_1 - x_2) & \text{für} \quad 0 < x_1 < x_2 < \infty \\ 0 & \text{sonst} \end{cases} \quad .$$

a) Man ermittle die momenterzeugende Funktion.

b) Man ermittle mittels der momenterzeugenden Funktion die ersten und zweiten Momente dieses Zufallsvektors.

c) Man ermittle über die momenterzeugende Funktion die Randverteilung von $\tilde{x}_1$. Gehört die Verteilung von $\tilde{x}_2$ zur gleichen Verteilungsklasse?

Lösung 3.-7

a) Die momenterzeugende Funktion ist

$$
\begin{aligned}
M_{\tilde{\boldsymbol{x}}}(t_1,t_2) &= 2\int_0^\infty\int_{x_1}^\infty \exp(t_1x_1+t_2x_2-x_1-x_2)\,dx_2\,dx_1\\
&= \frac{2}{t_2-1}\int_0^\infty \Big[\exp(t_1x_1+t_2x_2-x_1-x_2)\Big]_{x_2=x_1}^{x_2=\infty} dx_1\\
&= \frac{2}{t_2-1}\int_0^\infty -\exp((t_1+t_2-2)x_1)\,dx_1\\
&= \frac{-2}{(t_2-1)(t_1+t_2-2)}\Big[\exp((t_1+t_2-2)x_1)\Big]_{x_1=0}^{x_1=\infty}\\
&= \frac{2}{(t_1+t_2-2)(t_2-1)} = \frac{2}{(2-t_1-t_2)(1-t_2)}\quad ;
\end{aligned}
$$

dabei muss $t_2 < 1$ und $t_1 + t_2 < 2$ vorausgesetzt werden.

b) Man erhält zunächst

$$
\begin{aligned}
\frac{\partial}{\partial t_1}M_{\tilde{\boldsymbol{x}}}(t_1,t_2) &= \frac{2}{(2-t_1-t_2)^2(1-t_2)}\quad ,\\
\frac{\partial}{\partial t_2}M_{\tilde{\boldsymbol{x}}}(t_1,t_2) &= \frac{2(3-t_1-2t_2)}{(2-t_1-t_2)^2(1-t_2)^2}\quad ,\\
\frac{\partial^2}{\partial t_1^2}M_{\tilde{\boldsymbol{x}}}(t_1,t_2) &= \frac{4}{(2-t_1-t_2)^3(1-t_2)}\quad ,\\
\frac{\partial^2}{\partial t_2^2}M_{\tilde{\boldsymbol{x}}}(t_1,t_2) &= 4\frac{(3-t_1-2t_2)^2-(2-t_1-t_2)(1-t_2)}{(2-t_1-t_2)^3(1-t_2)^3}
\end{aligned}
$$

und

$$
\frac{\partial^2}{\partial t_1\partial t_2}M_{\tilde{\boldsymbol{x}}}(t_1,t_2) = \frac{2(4-t_1-3t_2)}{(2-t_1-t_2)^3(1-t_2)^2}\quad .
$$

Man setzt jeweils $t_1 = t_2 = 0$ und erhält $\mathrm{E}\,\tilde{x}_1 = \frac{1}{2}$, $\mathrm{E}\,\tilde{x}_2 = \frac{3}{2}$, $\mathrm{E}\,\tilde{x}_1^2 = \frac{1}{2}$, $\mathrm{E}\,\tilde{x}_2^2 = \frac{7}{2}$ und $\mathrm{E}\,\tilde{x}_1\tilde{x}_2 = 1$.

c) Für die Randverteilung von $\tilde{x}_1$ ergibt sich die momenterzeugende Funktion

$$
M_{\tilde{x}_1}(t) = M_{\tilde{\boldsymbol{x}}}(t_1,0) = \frac{2}{2-t_1}\quad .
$$

Dies ist (vgl. Lösung zu Aufgabe 3.-1 c)) die momenterzeugende Funktion der Exponentialverteilung mit Parameter $\lambda = 2$.

Die Randverteilung von $\tilde{x}_2$ hat die momenterzeugende Funktion

$$M_{\tilde{x}_2}(t) = M_{\tilde{\boldsymbol{x}}}(0, t_2) = \frac{2}{(t_2 - 1)(t_2 - 2)} \quad .$$

Diese Verteilung gehört damit nicht zur Klasse der Exponentialverteilungen.

Aufgabe 3.-8: Der Zufallsvektor $(\tilde{x}_1, \tilde{x}_2)$ habe die momenterzeugende Funktion

a) $M_{\tilde{\boldsymbol{x}}}(\boldsymbol{t}) = \exp(t_1 - 1) + \exp(t_2 - 2)$;

b) $M_{\tilde{\boldsymbol{x}}}(\boldsymbol{t}) = \dfrac{1}{2 + t_1 + t_2}$;

c) $M_{\tilde{\boldsymbol{x}}}(\boldsymbol{t}) = \dfrac{1}{(t_1 + 2)(t_2 + 3)}$.

Man ermittle jeweils den Korrelationskoeffizienten.

Lösung 3.-8

a)

$$\begin{aligned}
\mathrm{E}\,\tilde{x}_1 &= \frac{\partial}{\partial t_1} M_{\tilde{\boldsymbol{x}}}(\boldsymbol{t})\Big|_{\substack{t_1=0\\t_2=0}} = \mathrm{e}^{t_1-1}\Big|_{\substack{t_1=0\\t_2=0}} = \frac{1}{\mathrm{e}} \\
\mathrm{E}\,\tilde{x}_2 &= \frac{\partial}{\partial t_2} M_{\tilde{\boldsymbol{x}}}(\boldsymbol{t})\Big|_{\substack{t_1=0\\t_2=0}} = \mathrm{e}^{t_2-2}\Big|_{\substack{t_1=0\\t_2=0}} = \frac{1}{\mathrm{e}^2} \\
\mathrm{E}\,\tilde{x}_1^2 &= \frac{\partial^2}{\partial t_1^2} M_{\tilde{\boldsymbol{x}}}(\boldsymbol{t})\Big|_{\substack{t_1=0\\t_2=0}} = \mathrm{e}^{t_1-1}\Big|_{\substack{t_1=0\\t_2=0}} = \frac{1}{\mathrm{e}} \\
\mathrm{E}\,\tilde{x}_2^2 &= \frac{\partial^2}{\partial t_2^2} M_{\tilde{\boldsymbol{x}}}(\boldsymbol{t})\Big|_{\substack{t_1=0\\t_2=0}} = \mathrm{e}^{t_2-2}\Big|_{\substack{t_1=0\\t_2=0}} = \frac{1}{\mathrm{e}^2} \\
\mathrm{E}\,\tilde{x}_1 \cdot \tilde{x}_2 &= \frac{\partial^2}{\partial t_1 \partial t_2} M_{\tilde{\boldsymbol{x}}}(\boldsymbol{t})\Big|_{\substack{t_1=0\\t_2=0}} = 0
\end{aligned}$$

$$\begin{aligned}
\varrho_{\tilde{x}_1,\tilde{x}_2} &= \frac{\operatorname{cov} \tilde{x}_1, \tilde{x}_2}{\sqrt{\operatorname{var} \tilde{x}_1 \cdot \operatorname{var} \tilde{x}_2}} = \frac{\mathrm{E}\,\tilde{x}_1 \cdot \tilde{x}_2 - \mathrm{E}\,\tilde{x}_1 \cdot \mathrm{E}\,\tilde{x}_2}{\sqrt{[\mathrm{E}\,\tilde{x}_1^2 - (\mathrm{E}\,\tilde{x}_1)^2][\mathrm{E}\,\tilde{x}_2^2 - (\mathrm{E}\,\tilde{x}_2)^2]}} \\
&= \frac{-\frac{1}{\mathrm{e}^3}}{\sqrt{\left(\frac{1}{\mathrm{e}} - \frac{1}{\mathrm{e}^2}\right)\left(\frac{1}{\mathrm{e}^2} - \frac{1}{\mathrm{e}^4}\right)}} = \frac{-\frac{1}{\mathrm{e}^3}}{\frac{1}{\mathrm{e}^3}\sqrt{(\mathrm{e}-1)(\mathrm{e}^2-1)}} = -\frac{1}{(\mathrm{e}-1)\sqrt{\mathrm{e}+1}}
\end{aligned}$$

b)

$$\mathrm{E}\,\tilde{x}_1 = -\frac{1}{(2+t_1+t_2)^2}\bigg|_{\substack{t_1=0\\t_2=0}} = -\frac{1}{4}$$

$$\mathrm{E}\,\tilde{x}_2 = -\frac{1}{(2+t_1+t_2)^2}\bigg|_{\substack{t_1=0\\t_2=0}} = -\frac{1}{4}$$

$$\mathrm{E}\,\tilde{x}_1^2 = \frac{2}{(2+t_1+t_2)^3}\bigg|_{\substack{t_1=0\\t_2=0}} = \frac{1}{4}$$

$$\mathrm{E}\,\tilde{x}_2^2 = \frac{2}{(2+t_1+t_2)^3}\bigg|_{\substack{t_1=0\\t_2=0}} = \frac{1}{4}$$

$$\mathrm{E}\,\tilde{x}_1\cdot\tilde{x}_2 = \frac{2}{(2+t_1+t_2)^3}\bigg|_{\substack{t_1=0\\t_2=0}} = \frac{1}{4}$$

$$\varrho_{\tilde{x}_1,\tilde{x}_2} = \frac{\frac{1}{4}-\frac{1}{16}}{\sqrt{\left(\frac{1}{4}-\frac{1}{16}\right)\left(\frac{1}{4}-\frac{1}{16}\right)}} = \frac{\frac{3}{16}}{\sqrt{\frac{3}{16}\cdot\frac{3}{16}}} = 1$$

c)

$$\mathrm{E}\,\tilde{x}_1 = -\frac{1}{(t_1+2)^2(t_2+3)}\bigg|_{\substack{t_1=0\\t_2=0}} = -\frac{1}{12}$$

$$\mathrm{E}\,\tilde{x}_2 = -\frac{1}{(t_1+2)(t_2+3)^2}\bigg|_{\substack{t_1=0\\t_2=0}} = -\frac{1}{18}$$

$$\mathrm{E}\,\tilde{x}_1^2 = \frac{2}{(t_1+2)^3(t_2+3)}\bigg|_{\substack{t_1=0\\t_2=0}} = \frac{1}{12}$$

$$\mathrm{E}\,\tilde{x}_2^2 = \frac{2}{(t_1+2)(t_2+3)^3}\bigg|_{\substack{t_1=0\\t_2=0}} = \frac{1}{27}$$

$$\mathrm{E}\,\tilde{x}_1\cdot\tilde{x}_2 = \frac{1}{(t_1+2)^2(t_2+3)^2}\bigg|_{\substack{t_1=0\\t_2=0}} = \frac{1}{36}$$

$$\varrho_{\tilde{x}_1,\tilde{x}_2} = \frac{\frac{1}{36}-\frac{1}{216}}{\sqrt{\left(\frac{1}{12}-\frac{1}{144}\right)\left(\frac{1}{27}-\frac{1}{324}\right)}} = \frac{\frac{5}{216}}{\sqrt{\frac{11}{144}\cdot\frac{11}{324}}} = \frac{5}{11}$$

Aufgabe 3.-9: Man ermittle die Verteilungen der Zufallsvektoren $(\tilde{x}_1, \tilde{x}_2)$, welche die momenterzeugenden Funktionen

a) $M_{\tilde{\boldsymbol{x}}}(\boldsymbol{t}) = (0,2\mathrm{e}^{t_1} + 0,6\mathrm{e}^{t_2} + 0,2)^{10}$;

b) $M_{\tilde{\boldsymbol{x}}}(\boldsymbol{t}) = \dfrac{6}{(t_1-2)(t_2-3)}$;

c) $M_{\tilde{\boldsymbol{x}}}(\boldsymbol{t}) = \exp(3t_1 + 5t_2 + 8t_1^2 + 50t_2^2 + 20t_1t_2)$;

d) $M_{\tilde{\boldsymbol{x}}}(\boldsymbol{t}) = \dfrac{1}{1-t_1}\exp(2t_2^2)$;

besitzen.

Lösung 3.-9

Durch Parametervergleiche ersieht man, dass zu den angegebenen momenterzeugenden Funktionen
a) die Trinomialverteilung mit $\theta_1 = 0{,}2$, $\theta_2 = 0{,}6$ und $n = 10$ (vgl. Beispiel 3.-6 a));

b) die Verteilung eines Vektors zweier stochastisch unabhängiger exponentialverteilter Zufallsvariabler mit den Parametern $\lambda_1 = 2$ und $\lambda_2 = 3$ gemäß Beispiel 3.-6 b));

c) die zweidimensionale Normalverteilung mit den Parametern $\mu_1 = 3$, $\mu_2 = 5$, $\sigma_1^2 = 16$, $\sigma_2^2 = 100$ und $\varrho = \dfrac{20}{4 \cdot 10} = 0{,}5$;

d) die Verteilung eines Vektors $\tilde{\boldsymbol{x}}$ zweier stochastisch unabhängiger Zufallsvariabler, von denen die erste mit Parameter 1 exponentialverteilt (vgl. Lösung der Aufgabe 3.-1 c)), die zweite nach N(0; 4) normalverteilt ist (vgl. Beispiel 3.-1 c)),

gehört.

Aufgabe 3.-10: Man zeige, dass

a) die negative Binomialverteilung (vgl. Aufgabe 3.-6) reproduktiv bezüglich des Parameters r und

b) die Exponentialverteilung (vgl. Aufgabe 3.-1 c)) nicht reproduktiv

ist.

Lösung 3.-10

a) Die momenterzeugende Funktion der negativen Binomialverteilung mit Parametern θ und r ist (vgl. Lösung Aufgabe 3.-6 a))

$$M_{\tilde{x}}(t) = \left(\frac{\theta \mathrm{e}^t}{1-(1-\theta)\mathrm{e}^t}\right)^r \quad .$$

Die Summe

$$\tilde{y} = \sum_{i=1}^{n} \tilde{x}_i$$

von n stochastisch unabhängigen je mit Parameter θ und individuellen Parametern $r_1, \ldots, r_n$ negativ binomialverteilten Zufallsvariablen hat die momenterzeugende Funktion

$$M_{\tilde{y}}(t) = \prod_{i=1}^{n} \left(\frac{\theta e^t}{1-(1-\theta)e^t} \right)^{r_i} = \left(\frac{\theta e^t}{1-(1-\theta)e^t} \right)^{\sum r_i} \quad .$$

Dies ist die momenterzeugende Funktion einer mit Parametern θ und $\sum r_i$ negativ binomialverteilten Zufallsvariablen. Damit ist die Reproduktivität der negativen Binomialverteilung bezüglich des Parameters r nachgewiesen.

b) Die momenterzeugende Funktion der Exponentialverteilung mit Parameter λ ist (vgl. Lösung der Aufgabe 3.-1 c))

$$M_{\tilde{x}}(t) = \frac{\lambda}{\lambda - t} \quad .$$

Die Summe von n stochastisch unabhängigen mit Parameter λ_i exponentialverteilten Zufallsvariablen hat die momenterzeugende Funktion

$$M_{\tilde{y}}(t) = \prod_{i=1}^{n} \frac{\lambda_i}{\lambda_i - t} \quad .$$

Da sich diese für $n > 1$ nicht auf die Form $c/(c-t)$ bringen lässt, ist gezeigt, dass die Exponentialverteilung nicht reproduktiv ist.

Aufgabe 3.-11: Eine nach $N(\mu; \sigma^2)$ normalverteilte Zufallsvariable wird n-mal unabhängig realisiert; mit $\tilde{\boldsymbol{x}} = (\tilde{x}_1, \ldots, \tilde{x}_n)$ wird der Stichprobenvektor bezeichnet. Man gebe die momenterzeugenden Funktionen und die Verteilungen der Zufallsvariablen

a) $\bar{\tilde{x}} = \frac{1}{n} \sum_{i=1}^{n} \tilde{x}_i$

b) $\bar{\tilde{x}}' = \frac{1}{9+n} (10\tilde{x}_1 + \sum_{i=2}^{n} \tilde{x}_i)$

c) $\tilde{\boldsymbol{x}}$

d) $\tilde{\boldsymbol{x}}' = (10\tilde{x}_1, \tilde{x}_2, \ldots, \tilde{x}_n)$

an.

Lösung 3.-11

a) Die momenterzeugende Funktion der Zufallsvariablen $\tilde{\bar{x}} = 1/n \cdot \tilde{x}_1 + \ldots + 1/n \cdot \tilde{x}_n$ ergibt sich nach Satz 3.-10 wie folgt:

$$\begin{aligned} M_{\tilde{\bar{x}}}(t) &= \prod_{i=1}^{n} M_{\tilde{x}_i}(\frac{1}{n}t) \\ &= \exp\left(\mu\frac{t}{n} + \frac{\sigma^2\frac{t^2}{n^2}}{2} + \cdots + \mu\frac{t}{n} + \frac{\sigma^2\frac{t^2}{n^2}}{2}\right) \\ &= \exp\left(\mu t + \frac{\sigma^2 t^2}{2n}\right) \quad . \end{aligned}$$

Damit ist $\tilde{\bar{x}}$ verteilt nach $\mathrm{N}\left(\mu; \frac{\sigma^2}{n}\right)$.

b) Hier erhält man als momenterzeugende Funktion der Zufallsvariablen $\tilde{\bar{x}}' = \frac{1}{9+n}(10\tilde{x}_1 + \sum_{i=2}^{n} \tilde{x}_i)$ analog

$$\begin{aligned} M_{\tilde{\bar{x}}'}(t) &= \exp\left(\frac{10}{9+n}\mu t + \frac{\sigma^2}{2}\left(\frac{10}{9+n}\right)^2 t^2 + \frac{1}{9+n}\mu t \right. \\ &\quad \left. + \frac{\sigma^2}{2}\left(\frac{1}{9+n}\right)^2 t^2 + \cdots + \frac{1}{9+n}\mu t + \frac{\sigma^2}{2}\left(\frac{1}{9+n}\right)^2 t^2\right) \\ &= \exp\left(\mu t + \frac{n+99}{(9+n)^2} \cdot \frac{t^2\sigma^2}{2}\right) \quad . \end{aligned}$$

Damit ist $\tilde{\bar{x}}'$ verteilt nach $\mathrm{N}\left(\mu; \frac{n+99}{(9+n)^2}\sigma^2\right)$.

c) Der Zufallsvektor $\tilde{\boldsymbol{x}} = (\tilde{x}_1, \ldots, \tilde{x}_n)$ hat, da stochastische Unabhängigkeit vorliegt, die momenterzeugende Funktion (vgl. Satz 3.-9)

$$\begin{aligned} M_{\tilde{\boldsymbol{x}}}(t_1, \ldots, t_n) &= M_{\tilde{x}_1}(t_1) \cdot \ldots \cdot M_{\tilde{x}_n}(t_n) \\ &= \exp\left(\mu t_1 + \frac{\sigma^2}{2}t_1^2\right) \cdot \ldots \cdot \exp\left(\mu t_n + \frac{\sigma^2}{2}t_n^2\right) \\ &= \exp\left(\mu \sum_{i=1}^{n} t_i + \frac{\sigma^2}{2}\sum_{i=1}^{n} t_i^2\right) \quad . \end{aligned}$$

Damit ist $\tilde{\boldsymbol{x}}$ n-dimensional normalverteilt mit $\mu_1 = \ldots = \mu_n = \mu$, $\sigma_1^2 = \ldots = \sigma_n^2 = \sigma^2$ und $\varrho_{ij} = 0\,(i \neq j)$.

d) Für $\tilde{\boldsymbol{x}}' = (10\tilde{x}_1, \tilde{x}_2, \ldots, \tilde{x}_n)$ ergibt sich analog

$$\begin{aligned} M_{\tilde{\boldsymbol{x}}'}(t_1, \ldots, t_n) &= \exp\left(10\mu t_1 + \frac{\sigma^2}{2} \cdot 100 t_1^2\right) \cdot \ldots \cdot \exp\left(\mu t_n + \frac{\sigma^2}{2} \cdot t_n^2\right) \\ &= \exp\left(\mu(10t_1 + \sum_{i=2}^{n} t_i) + \frac{\sigma^2}{2}(100t_1^2 + t_2^2 + \cdots + t_n^2)\right) . \end{aligned}$$

Damit ist $\tilde{\boldsymbol{x}}'$ n-dimensional normalverteilt mit den Parametern $\mu_1 = 10\mu$, $\mu_2 = \ldots = \mu_n = \mu$, $\sigma_1^2 = 100\sigma^2$, $\sigma_2^2 = \ldots = \sigma_n^2 = \sigma^2$ und $\varrho_{ij} = 0\,(i \neq j)$.

3.3. Folgen von Verteilungen und von momenterzeugenden Funktionen

Aufgabe 3.-12: Die Glieder der Folge $\{\tilde{x}_i\}_{i \in \mathbb{N}}$ von Zufallsvariablen seien je mit explizitem Parameter i POISSON-verteilte Zufallsvariablen. Man gebe die Grenzverteilung für $i \to \infty$ der zugehörigen standardisierten Variablen

$$\tilde{y}_i = \frac{\tilde{x}_i - i}{\sqrt{i}}$$

an.

Lösung 3.-12

Die momenterzeugende Funktion der Zufallsvariablen $\tilde{x}_i$ ist (vgl. Satz 3.-4 b))

$$M_{\tilde{x}_i}(t) = \exp(i(\mathrm{e}^t - 1)) \quad .$$

Die lineare Funktion $\tilde{y}_i = (\tilde{x}_i - i)/\sqrt{i}$ von $\tilde{x}_i$ hat wegen Satz 3.-3 die momenterzeugende Funktion

$$M_{\tilde{y}_i}(t) = \exp\left(-t\sqrt{i} + i\left(\exp\left(\frac{t}{\sqrt{i}}\right) - 1\right)\right) \quad .$$

Die Exponentialreihe liefert

$$\exp\left(\frac{t}{\sqrt{i}}\right) = \sum_{k=0}^{\infty} \frac{t^k}{i^{k/2} \cdot k!} = 1 + \frac{t}{i^{1/2}} + \frac{t^2}{i \cdot 2!} + \frac{t^3}{i^{3/2} \cdot 3!} + \cdots \quad .$$

Damit errechnet man

$$\begin{aligned} M_{\tilde{y}_i}(t) &= \exp\left(-t\sqrt{i} + i\left(\frac{t}{i^{1/2}} + \frac{t^2}{i \cdot 2!} + \frac{t^3}{i^{3/2} \cdot 3!} + \ldots\right)\right) \\ &= \exp\left(\frac{t^2}{2} + \frac{t^3}{i^{1/2} \cdot 3!} + \frac{t^4}{i \cdot 4!} + \cdots\right) \end{aligned}$$

und ersieht

$$\lim_{i \to \infty} M_{\tilde{y}_i}(t) = \exp\left(\frac{t^2}{2}\right) \quad .$$

Die gesuchte Grenzverteilung ist daher die Standardnormalverteilung.

3.4. Weitere Hilfsfunktionen

Aufgabe 3.-13: Für eine CAUCHY-verteilte Zufallsvariable $\tilde{x}$ mit Parametern λ ($\lambda > 0$) und μ gilt die Dichtefunktion

$$f_{\tilde{x}}(x) = \frac{1}{\pi} \frac{\lambda}{\lambda^2 + (x-\mu)^2}$$

($-\infty < x < +\infty$). Man kann zeigen, dass ihre charakteristische Funktion durch

$$C_{\tilde{x}}(t) = \exp\left(i\mu t - \lambda |t|\right)$$

gegeben ist.

a) Man überlege anhand der charakteristischen Funktion, welche Momente dieser Zufallsvariablen existieren.

b) Ist die CAUCHY-Verteilung reproduktiv?

Lösung 3.-13

a) Aus der charakteristischen Funktion

$$C_{\tilde{x}}(t) = \exp\left(i\mu t - \lambda |t|\right)$$

wird ersichtlich, dass diese wegen

$$C'_{\tilde{x}}(t) = \begin{cases} (i\mu + \lambda) \exp\left(i\mu t + \lambda t\right) & \text{für} \quad t < 0 \\ (i\mu - \lambda) \exp\left(i\mu t - \lambda t\right) & \text{für} \quad t > 0 \end{cases}$$

und

$$\lim_{t\uparrow 0} C'_{\tilde{x}}(t) = i\mu + \lambda \neq \lim_{t\downarrow 0} C'_{\tilde{x}}(t) = i\mu - \lambda$$

in $t = 0$ nicht differenzierbar ist. Deshalb existiert das erste Moment und damit alle Momente höherer Ordnung nicht.

b) Sind $\tilde{x}_1, \dots, \tilde{x}_r$ je CAUCHY-verteilt mit Parametern $(\lambda_1, \mu_1), \dots, (\lambda_r, \mu_r)$ und insgesamt stochastisch unabhängig, dann ist die charakteristische Funktion der Zufallsvariablen

$$\tilde{x} = \sum_{k=1}^{r} \tilde{x}_k$$

analog Eigenschaft 3 momenterzeugender Funktionen von Zufallsvektoren (vgl. Abschnitt 3.2. bzw. Satz 3.-9)

$$C_{\tilde{x}}(t) = \exp\left(it\sum_{k=1}^{r}\mu_k - |t|\sum_{k=1}^{r}\lambda_k\right) \quad ;$$

dies ist die charakteristische Funktion einer CAUCHY-Verteilung mit Parametern $\sum \lambda_k$ und $\sum \mu_k$. Die CAUCHY-Verteilung ist daher reproduktiv bezüglich ihrer Parameter.

Aufgabe 3.-14: Die geometrische Verteilung ist der Spezialfall $r = 1$ der negativen Binomialverteilung (vgl. Lösung zu Aufgabe 3.-6 c) und d)).

a) Man errechne die erzeugenden Funktionen $P_{\tilde{x}}(s)$ und $Q_{\tilde{x}}(s)$ der geometrischen Verteilung.

b) Man errechne Erwartungswert bzw. Varianz mittels $P_{\tilde{x}}(s)$ bzw. $Q_{\tilde{x}}(s)$.

c) Man ermittle mit dem Ergebnis aus a) die erzeugende Funktion der negativen Binomialverteilung.

Lösung 3.-14

a) Aus Lösung Aufgabe 3.-6 a) ergibt sich mit $r = 1$ die Wahrscheinlichkeitsfunktion

$$p_i = (1-\theta)^{i-1}\theta$$

für $i = 1, 2, \dots$ der geometrischen Verteilung. Hierzu gehören die erzeugenden Funktionen

$$P_{\tilde{x}}(s) = \frac{\theta}{1-\theta}\sum_{i=1}^{\infty}[s(1-\theta)]^i = \frac{\theta s}{1-s(1-\theta)}$$

und

$$Q_{\tilde{x}}(s) = \frac{1-P_{\tilde{x}}(s)}{1-s} = \frac{1}{1-s(1-\theta)} \quad .$$

b) Man errechnet

$$P'_{\tilde{x}}(s) = \frac{\theta}{[1 - s(1-\theta)]^2}$$

und

$$Q'_{\tilde{x}}(s) = \frac{1-\theta}{[1 - s(1-\theta)]^2} \quad .$$

Damit ergibt sich

$$\mathrm{E}\,\tilde{x} = P'_{\tilde{x}}(1) = \frac{1}{\theta}$$

und

$$\operatorname{var}\tilde{x} = 2\,Q'_{\tilde{x}}(1) + Q_{\tilde{x}}(1) - Q^2_{\tilde{x}}(1) = \frac{1-\theta}{\theta^2} \quad .$$

c) Da sich eine mit Parametern r und θ negativ binomialverteilte Zufallsvariable $\tilde{y}$, wie aus dem in Aufgabe 3.-6 beschriebenen Zufallsvorgang ersichtlich wird, als Summe von r stochastisch unabhängigen je mit Parameter θ geometrisch verteilten Zufallsvariablen interpretieren lässt, ist deren erzeugende Funktion

$$P_{\tilde{y}}(s) = \left(\frac{\theta s}{1 - s(1-\theta)}\right)^r \quad .$$

Kapitel 4

Spezielle Stichprobenverteilungen

4.1. Die Verteilung des Stichprobendurchschnitts bei normalverteilter Variabler

Aufgabe 4.-1: Eine nach $N(\mu;\sigma^2)$ normalverteilte Zufallsvariable wird n-mal unabhängig realisiert. Man zeige, dass $\bar{\tilde{x}}$ die in den Stichprobenvariablen lineare erwartungstreue Schätzfunktion für μ mit der niedrigsten Varianz ist. Welche Bedeutung hat hierbei die Normalverteilungsvoraussetzung?

Lösung 4.-1

Man geht von der allgemeinsten erwartungstreuen Linearkombination

$$\tilde{x} = \sum_{i=1}^{n} \alpha_i \tilde{x}_i$$

der n Stichprobenvariablen aus. Aus der Erwartungstreue der Zufallsvariablen $\tilde{x}$ folgt unmittelbar $\sum \alpha_i = 1$.
Zu minimieren ist

$$\operatorname{var} \tilde{x} = \sum_{i=1}^{n-1} \alpha_1^2 \sigma^2 + \left(1 - \sum_{i=1}^{n-1} \alpha_i\right)^2 \sigma^2$$

bezüglich der α_i. Nullsetzen der ersten Ableitung nach α_i $(i = 1, \ldots, n-1)$ ergibt

$$2\alpha_i\sigma^2 - 2\left(1 - \sum_{j=1}^{n-1} \alpha_j\right)\sigma^2 = 0\,,$$

also

$$\alpha_i = 1 - \sum_{j=1}^{n-1} \alpha_j \,.$$

Die Bedingung gilt für $i = 1, \ldots, n-1$, womit unmittelbar $\alpha_i = 1/n \, (i = 1, \ldots, n)$ folgt. Da die Normalverteilungsvoraussetzung nicht eingeht, ist $\bar{\tilde{x}}$ unabhängig von der Verteilung der Grundgesamtheit wirksamste lineare erwartungstreue Schätzfunktion.

Aufgabe 4.-2: Eine gemäß

$$\rho_\lambda(x) = \frac{1}{\sqrt{2\pi}\sigma x} \exp\left(-\frac{1}{2}\frac{(\ln x - \mu)^2}{\sigma^2}\right) \qquad \text{für } x > 0$$

(logarithmische Normalverteilung) verteilte Zufallsvariable $\tilde{x}$ wird n-mal unabhängig realisiert. Man überlege, wie μ bzw. $\mathrm{E}\,\tilde{x}$ erwartungstreu geschätzt werden können.

Lösung 4.-2

Der explizite Parameter μ und $\mathrm{E}\,\tilde{x}$ fallen hier nicht zusammen. Mittels Transformationssatz 1 ersieht man, dass die Funktion $\tilde{u} = \ln \tilde{x}$ verteilt ist nach $N(\mu; \sigma^2)$. Deshalb ist

$$\frac{1}{n}\sum_{i=1}^{n} \tilde{u}_i = \frac{1}{n}\sum \ln \tilde{x}_i = \ln \sqrt[n]{\tilde{x}_1 \cdot \ldots \cdot \tilde{x}_2}$$

eine erwartungstreue Schätzfunktion für μ.
Da

$$\bar{\tilde{x}} = \frac{1}{n}\sum \tilde{x}_i$$

unabhängig von der Verteilung in der Grundgesamtheit die wirksamste lineare erwartungstreue Schätzfunktion für $\mathrm{E}\,\tilde{x}$ ist, eignet sich $\bar{\tilde{x}}$ zur Schätzung dieses Erwartungswertes.

4.2. Die Γ-Verteilung

Aufgabe 4.-3: Man zeige, dass die Dichtefunktion der Γ-Verteilung für $p \leq 1$ streng monoton fallend auf $[0, \infty)$ ist und für $p > 1$ an der Stelle $x = (p-1)/b$ einen Hochpunkt hat.

Lösung 4.-3

Man leitet die Dichtefunktion der Γ-Verteilung

$$f(x|b;p) = \frac{b^p}{\Gamma(p)} x^{p-1} e^{-bx} \qquad ; \text{ für } b,p > 0$$

nach x ab und erhält

$$\begin{aligned} f'(x|b;p) &= \frac{b^p}{\Gamma(p)} \left[(p-1)x^{p-2}e^{-bx} - be^{-bx}x^{p-1}\right] \\ &= \frac{b^p}{\Gamma(p)} e^{-bx} x^{p-2}(p-1-bx) \quad . \end{aligned}$$

Für $p \leq 1$ und $x \geq 0$ ist $f'(x|b;p)$ negativ, $f(x|b;p)$ also streng monoton fallend. Ist $p > 1$, so ergibt sich eine horizontale Tangente für

$$x = \frac{p-1}{b} \quad .$$

Die zugehörige Dichte ist

$$f\left(\frac{p-1}{b}\bigg|b;p\right) = \frac{b}{\Gamma(p)} \left[(p-1)\mathrm{e}^{-}1\right]^{p-1} \quad .$$

Man kann überprüfen, dass $f''\left((p-1)/b|b;p\right)$ negativ ist, also ein Maximum der Dichtefunktion vorliegt.

Aufgabe 4.-4: Man zeige: Ist $\tilde{x}$ mit Parametern p und b Γ-verteilt, dann ist $\tilde{y} = c\tilde{x}$ $(c > 0)$ Γ-verteilt mit Parametern p und b/c.

Lösung 4.-4

Die Verteilung von $\tilde{x}$ hat die momenterzeugende Funktion

$$M_{\tilde{x}}(t) = \left(1 - \frac{t}{b}\right)^{-p} \quad .$$

Mit der Eigenschaft 2 momenterzeugender Funktionen (vgl. Satz 3.-3) ist

$$M_{\tilde{y}}(t) = \left(1 - \frac{ct}{b}\right)^{-p} \quad ;$$

dies ist angesichts der Eindeutigkeit momenterzeugender Funktionen die momenterzeugende Funktion der Γ-Verteilung mit Parametern p und b/c.

Aufgabe 4.-5: Die Zufallsvariablen $\tilde{x}$ und $\tilde{y}$ seien Γ-verteilt mit den Parametern $b = 1/2$ und p und stochastisch unabhängig. Man gebe die Verteilung von

$$\tilde{u} = \frac{\tilde{x}}{\tilde{y}} \quad \text{und} \quad \frac{1}{\tilde{u}}$$

an.

Lösung 4.-5

Die Zufallsvariablen $\tilde{x}$ und $\tilde{y}$ sind χ^2_{2p}-verteilt. Damit ist

$$\tilde{u} = \frac{\tilde{x}}{\tilde{y}} = \frac{\tilde{x}}{2p}\Big/\frac{\tilde{y}}{2p}$$

und somit $F_{(2p;2p)}$-verteilt. Für den Kehrwert $1/\tilde{u}$ gilt dies entsprechend. $1/\tilde{u}$ ist also auch $F_{(2p;2p)}$-verteilt.

4.3. Die χ^2-Verteilung

Aufgabe 4.-6: Für eine Anzahl von $\nu = 4$ Freiheitsgraden entnimmt man der Tabelle der χ^2-Verteilung die 0,95- bzw. 0,99-Quantile 9,488 bzw. 13,277 (siehe Tabelle A.-3). Man überprüfe diese Werte rechnerisch.

Lösung 4.-6

Die χ^2_4-Verteilung ist die Γ-Verteilung mit den Parametern $p = 2$ und $b = 1/2$, hat also die Dichtefunktion

$$f_{\tilde{x}}(x) = \frac{b^p}{\Gamma(p)} x^{p-1} e^{-bx} = \frac{1}{4} x e^{-\frac{1}{2}x}$$

$(x > 0)$. Die zugehörige Verteilungsfunktion findet man mittels partieller Integration wie folgt

$$\begin{aligned}
F_{\tilde{x}}(x) &= \int_0^x \frac{1}{4} y \mathrm{e}^{-\frac{1}{2}y} dy \\
&= \frac{1}{4}\left[y(-2)\mathrm{e}^{-\frac{1}{2}y}\right]_0^x - \frac{1}{4}\int_0^x (-2)\mathrm{e}^{-\frac{1}{2}y} dy \\
&= \frac{1}{4}\left(-2x\mathrm{e}^{-\frac{1}{2}x}\right) - \frac{1}{4}\left[4\mathrm{e}^{-\frac{1}{2}y}\right]_0^x \\
&= 1 - \mathrm{e}^{-\frac{1}{2}x}\left(\frac{1}{2}x + 1\right) \quad .
\end{aligned}$$

Damit errechnet man

$$F_{\tilde{x}}(9{,}488) \approx 0{,}9500 \qquad \text{und} \qquad F_{\tilde{x}}(13{,}277) \approx 0{,}9900 \quad .$$

Aufgabe 4.-7: Die Zufallsvariable $\tilde{x}_1$ sei $\chi^2_{\nu_1}$-verteilt und die Zufallsvariable $\tilde{x} = \tilde{x}_1 + \tilde{x}_2$ χ^2_ν-verteilt mit $\nu > \nu_1$; die Variablen seien stochastisch unabhängig. Man zeige, dass dann $\tilde{x}_2$ $\chi^2_{\nu-\nu_1}$-verteilt ist.

Lösung 4.-7

Die momenterzeugenden Funktionen der Verteilungen von $\tilde{x}_1$ und $\tilde{x}_2$ sind

$$M_{\tilde{x}_1}(t) = (1-2t)^{-\nu_1/2}$$

und

$$M_{\tilde{x}}(t) = (1-2t)^{-\nu/2} \quad .$$

Da $\tilde{x}_1$ und $\tilde{x}$ stochastisch unabhängig sind, muss

$$M_{\tilde{x}}(t) = M_{\tilde{x}_1}(t) \cdot M_{\tilde{x}_2}(t),$$

also

$$M_{\tilde{x}_2}(t) = (1-2t)^{-\frac{1}{2}(\nu-\nu_1)}$$

sein. Dies ist die momenterzeugende Funktion der $\chi^2_{\nu-\nu_1}$-Verteilung.

4.4. Die Verteilung der Stichprobenvarianz bei normalverteilter Variabler

Aufgabe 4.-8: Eine nach $N(\mu;\sigma^2)$ verteilte Variable $\tilde{x}$ wird n-mal unabhängig realisiert. Man ermittle die Verteilung von $\tilde{s}^2$.

Lösung 4.-8

Da

$$\frac{n-1}{\sigma^2}\tilde{s}^2$$

χ^2_{n-1}-verteilt ist und

$$\tilde{s}^2 = \frac{\sigma^2}{n-1}\left(\frac{n-1}{\sigma^2}\tilde{s}^2\right)$$

gilt, ist angesichts Aufgabe 4.-4 $\tilde{s}^2$ Γ-verteilt mit den Parametern

$$p = \frac{n-1}{2} \qquad \text{und} \qquad b = \frac{(n-1)}{2\sigma^2} \quad .$$

4.5. Die t-Verteilung und ihre stichprobentheoretische Bedeutung

Aufgabe 4.-9: Für einen Freiheitsgrad entnimmt man der Tabelle der t-Verteilung die 0,90- bzw. 0,95- Quantile 3,078 bzw. 6,314 (siehe Tabelle A.-4). Man überprüfe die Werte rechnerisch.

Lösung 4.-9

Die Dichtefunktion der t-Verteilung mit 1 Freiheitsgrad ist

$$f_{\tilde{y}}(y|1) = \frac{\Gamma(1)}{\Gamma(\frac{1}{2})\sqrt{\pi}}\left(1+y^2\right)^{-1} = \frac{1}{\pi(1+y^2)}$$

(CAUCHY-Verteilung). Die zugehörige Verteilungsfunktion

$$F_{\tilde{y}}(y|1) = \frac{1}{\pi}\int\limits_{-\infty}^{y}\frac{1}{1+x^2}dx$$

wird mit der Substitution

$$x = \tan u = \frac{\sin u}{\cos u} \quad ; \quad \frac{dx}{du} = 1 + \tan^2 u$$

wie folgt ermittelt:

$$F_{\tilde{y}}(y|1) \;=\; \frac{1}{\pi}\int\limits_{-\frac{\pi}{2}}^{\arctan y}\frac{1}{1+\tan^2 u}(1+\tan^2 u)du$$

$$= \frac{1}{\pi}\Big[u\Big]_{-\frac{\pi}{2}}^{\arctan y}$$

$$= \frac{1}{\pi}\arctan y + \frac{1}{2} \quad .$$

Dies ergibt

$$F_{\tilde{y}}(3{,}078|1) \approx 0{,}9000$$

und

$$F_{\tilde{y}}(6{,}314|1) \approx 0{,}9500 \quad .$$

Aufgabe 4.-10: Man zeige: Bei einer t_ν-verteilten Zufallsvariablen $\tilde{y}$ existiert

a) das erste Moment für $\nu > 1$ und

b) das zweite Moment für $\nu > 2$.

Lösung 4.-10

a) Man errechnet den Erwartungswert durch

$$\mathrm{E}\,\tilde{y} = \int_{-\infty}^{\infty} y \cdot \frac{\Gamma\left(\frac{\nu+1}{2}\right)}{\sqrt{\pi\nu}\cdot\Gamma\left(\frac{\nu}{2}\right)} \cdot \left(1+\frac{y^2}{\nu}\right)^{-\frac{\nu+1}{2}} dy$$

$$= \int_{-\infty}^{0} y \cdot \frac{\Gamma\left(\frac{\nu+1}{2}\right)}{\sqrt{\pi\nu}\cdot\Gamma\left(\frac{\nu}{2}\right)} \left(1+\frac{y^2}{\nu}\right)^{-\frac{\nu+1}{2}} dy$$

$$+ \int_{0}^{\infty} y \cdot \frac{\Gamma\left(\frac{\nu+1}{2}\right)}{\sqrt{\pi\nu}\cdot\Gamma\left(\frac{\nu}{2}\right)} \cdot \left(1+\frac{y^2}{\nu}\right)^{-\frac{\nu+1}{2}} dy \quad .$$

Mit Hilfe der Substitution

$$u = 1 + \frac{y^2}{\nu} \qquad \text{und} \qquad \frac{\nu}{2}\,du = y\,dy$$

erhält man anschließend

$$\mathrm{E}\,\tilde{y} = \frac{\nu}{2}\int_{\infty}^{1} \frac{\Gamma\left(\frac{\nu+1}{2}\right)}{\sqrt{\pi\nu}\cdot\Gamma\left(\frac{\nu}{2}\right)} \cdot u^{-\frac{\nu+1}{2}}\,du + \frac{\nu}{2}\int_{1}^{\infty} \frac{\Gamma\left(\frac{\nu+1}{2}\right)}{\sqrt{\pi\nu}\cdot\Gamma\left(\frac{\nu}{2}\right)} \cdot u^{-\frac{\nu+1}{2}}\,du = 0 \quad .$$

Die Konvergenz der Integrale ist jedoch nur gesichert, wenn der Exponent der Integrationsvariablen $-(\nu+1)/2 < -1$ ist. Dies ist für $\nu > 1$ gewährleistet.

Das Ergebnis $\mathrm{E}\,\tilde{y} = 0$ erhält man auch mit Hilfe der Symmetrie der t_ν-Verteilung (vgl. Aufgabe 1.-20).

b) Zur Ermittlung der Varianz errechnet man zunächst

$$\begin{aligned}
\mathrm{E}\,\tilde{y}^2 &= \int\limits_{-\infty}^{\infty} y^2 \cdot \frac{\Gamma\left(\frac{\nu+1}{2}\right)}{\sqrt{\pi\nu}\cdot\Gamma\left(\frac{\nu}{2}\right)} \cdot \left(1+\frac{y^2}{\nu}\right)^{-\frac{\nu+1}{2}} dy \\
&= \int\limits_{-\infty}^{\infty} \nu\cdot\left(1+\frac{y^2}{\nu}-1\right) \cdot \frac{\Gamma\left(\frac{\nu+1}{2}\right)}{\sqrt{\pi\nu}\cdot\Gamma\left(\frac{\nu}{2}\right)} \cdot \left(1+\frac{y^2}{\nu}\right)^{-\frac{\nu+1}{2}} dy \\
&= \nu\cdot \int\limits_{-\infty}^{\infty} \frac{\Gamma\left(\frac{\nu+1}{2}\right)}{\sqrt{\pi\nu}\cdot\Gamma\left(\frac{\nu}{2}\right)} \cdot \left(1+\frac{y^2}{\nu}\right)^{-\frac{\nu+1}{2}+1} dy - \nu \qquad .
\end{aligned}$$

Bei der letzten Umformung wurde ausgenutzt, dass der zweite Teil des Integranden ν-mal die Dichtefunktion der t_ν-Verteilung ist. Anschließend erweitert man geeignet, um das Integral über einer Dichtefunktion der t-Verteilung zu erhalten. Aus $\Gamma(p+1) = p\Gamma(p)$ folgt dann

$$\mathrm{E}\,\tilde{y}^2 = \int\limits_{-\infty}^{\infty} \frac{\sqrt{\nu}\cdot(\nu-1)}{\sqrt{\nu-2}} \cdot \frac{\Gamma\left(\frac{(\nu-2)+1}{2}\right)}{\sqrt{\pi(\nu-2)}\cdot\Gamma\left(\frac{\nu-2}{2}\right)} \cdot \left(1+\frac{y^2}{\nu}\right)^{-\frac{(\nu-2)+1}{2}} dy - \nu \qquad .$$

Mit Hilfe der Substitution

$$y = \frac{\sqrt{\nu}}{\sqrt{\nu-2}}\cdot u \qquad \text{und } dy = \frac{\sqrt{\nu}}{\sqrt{\nu-2}}\,du$$

erhält man schließlich

$$\begin{aligned}
\mathrm{E}\,\tilde{y}^2 &= \frac{\nu\cdot(\nu-1)}{\nu-2}\cdot \underbrace{\int\limits_{-\infty}^{\infty} \frac{\Gamma\left(\frac{(\nu-2)+1}{2}\right)}{\sqrt{\pi(\nu-2)}\cdot\Gamma\left(\frac{\nu-2}{2}\right)} \cdot \left(1+\frac{u^2}{\nu-2}\right)^{-\frac{(\nu-2)+1}{2}} du}_{=1 \quad \text{für } \nu>2} - \nu \\
&= \frac{\nu\cdot(\nu-1)}{\nu-2} - \nu = \frac{\nu}{\nu-2} \qquad .
\end{aligned}$$

Die Konvergenz des letzten Integrals ist gesichert, wenn der Exponent des quadratischen Ausdrucks kleiner als $-1/2$ ist. Dies gilt für $\nu > 2$. Diese Bedingung garantiert auch, dass der quadratische Ausdruck nichtnegativ wird und die $t_{\nu-2}$-Verteilung existiert.

Aufgabe 4.-11: Die Zufallsvariablen $\tilde{x}_1, \ldots, \tilde{x}_{10}$ sind nach $N(\mu_1; \sigma_1^2), \ldots, N(\mu_{10}; \sigma_{10}^2)$ verteilt und stochastisch unabhängig. Man gebe je zwei Funktionen dieser Zufallsvariablen an, welche t_2- bzw. t_5-verteilt sind.

Lösung 4.-11

Die Zufallsvariablen

$$\tilde{x}_I = \frac{\sum\limits_{i=1}^{8} \tilde{x}_i - \sum\limits_{i=1}^{8} \mu_i}{\sqrt{\sum \sigma_i^2}}$$

bzw.

$$\tilde{x}_{II} = \left(\frac{\tilde{x}_9 - \mu_9}{\sigma_9}\right)^2 + \left(\frac{\tilde{x}_{10} - \mu_{10}}{\sqrt{\sigma_{10}}}\right)^2$$

sind standardnormalverteilt bzw. χ_2^2-verteilt. Deshalb ist

$$\tilde{z} = \frac{\tilde{x}_I}{\sqrt{\tilde{x}_{II}/2}}$$

t_2-verteilt. Eine andere Auswahl von 8 bzw. 2 aus den 10 Zufallsvariablen würde bei analoger Konstruktion von $\tilde{z}$ ebenfalls eine t_2-verteilte Zufallsvariable ergeben.
Um eine t_5-verteilte Zufallsvariable zu erhalten, geht man analog zur standardisierten Summe von 5 Variablen $\tilde{x}_i$ über und entwickelt eine χ_5^2-verteilte Zufallsvariable als Summe der Quadrate der anderen 5 Variablen.

Aufgabe 4.-12: Man zeige ohne Rückgriff auf den Satz von COCHRAN für den Spezialfall $n = 2$, dass bei normalverteilter Grundgesamtheit die Stichprobenfunktionen $\bar{\tilde{x}}$ und $\tilde{s}^2$ stochastisch unabhängig sind.

Lösung 4.-12

Für $n = 2$ ist speziell

$$\bar{\tilde{x}} = \frac{1}{2}(\tilde{x}_1 + \tilde{x}_2)$$

und

$$\begin{aligned}
\tilde{s}^2 &= \left(\tilde{x}_1 - \frac{1}{2}(\tilde{x}_1 + \tilde{x}_2)\right)^2 + \left(\tilde{x}_2 - \frac{1}{2}(\tilde{x}_1 + \tilde{x}_2)\right)^2 \\
&= \tilde{x}_1^2 + \tilde{x}_2^2 + \frac{1}{2}(\tilde{x}_1 + \tilde{x}_2)^2 - (\tilde{x}_1 + \tilde{x}_2)(\tilde{x}_1 + \tilde{x}_2) \\
&= \tilde{x}_1^2 + \tilde{x}_2^2 - \frac{1}{2}(\tilde{x}_1 + \tilde{x}_2)^2 = \frac{1}{2}(\tilde{x}_1 - \tilde{x}_2)^2 \quad .
\end{aligned}$$

Man greift auf den Satz 2.-6 zurück und sieht, dass mit $(\tilde{x}_1 + \tilde{x}_2)$ und $(\tilde{x}_1 - \tilde{x}_2)$ auch die Funktionen $\frac{1}{2}(\tilde{x}_1 + \tilde{x}_2)$ und $\frac{1}{2}(\tilde{x}_1 - \tilde{x}_2)^2$ dieser Zufallsvariablen stochastisch unabhängig sind.

4.6. Die F-Verteilung und ihre stichprobentheoretische Bedeutung

Aufgabe 4.-13: Für die Freiheitsgrade $(\nu_1; \nu_2) = (2; 2)$ entnimmt man einer Tabelle der F-Verteilung die 0,95 - bzw 0,99 - Quantile 19,0 bzw. 99,0. Man überprüfe diese Werte rechnerisch.

Lösung 4.-13

Die Dichtefunktion der F-Verteilung mit $\nu_1 = \nu_2 = 2$ Freiheitsgraden ist $(y > 0)$

$$\begin{aligned} g_{\tilde{y}}(y|2;2) &= \frac{\Gamma\left(\frac{\nu_1+\nu_2}{2}\right)\left(\frac{\nu_1}{\nu_2}\right)^{\frac{\nu_1}{2}} \cdot y^{\frac{\nu_1}{2}-1}}{\Gamma\left(\frac{\nu_1}{2}\right)\Gamma\left(\frac{\nu_2}{2}\right)\left(1+\frac{\nu_1}{\nu_2}y\right)^{\frac{\nu_1+\nu_2}{2}}} \\ &= \frac{1}{(1+y)^2} \quad . \end{aligned}$$

Damit ergibt sich die Verteilungsfunktion

$$\begin{aligned} G_{\tilde{y}}(y|2;2) &= \int_0^y \frac{1}{(1+x)^2} dx = \left[-\frac{1}{1+x}\right]_0^y \\ &= \frac{y}{1+y} \end{aligned}$$

und

$$G_{\tilde{y}}(19{,}0|2;2) = \frac{19}{20} = 0{,}95$$

sowie

$$G_{\tilde{y}}(99{,}0|2;2) = \frac{99}{100} = 0{,}99 \quad .$$

Aufgabe 4.-14: Man zeige: Bei einer F_{ν_1,ν_2}-verteilten Zufallsvariablen $\tilde{y}$ existiert das erste Moment für $\nu_2 > 2$ und das zweite Moment für $\nu_2 > 4$.

Lösung 4.-14

Das erste (absolute) Moment einer F_{ν_1,ν_2}-verteilten Zufallsvariablen $\tilde{y}$ ist

$$\begin{aligned} \mathrm{E}\,\tilde{y} &= c\int\limits_0^\infty y \cdot y^{\frac{\nu_1}{2}-1}\left(1+\frac{\nu_1}{\nu_2}y\right)^{-\frac{\nu_1+\nu_2}{2}} dy \\ &= c\int\limits_0^\infty \frac{y^{\frac{\nu_1}{2}}}{(1+\frac{\nu_1}{\nu_2}y)^{\frac{\nu_1+\nu_2}{2}}}\,dy \quad , \end{aligned}$$

wobei

$$c = \frac{\Gamma\left(\frac{k_1+k_2}{2}\right)\left(\frac{k_1}{k_2}\right)^{\frac{k_1}{2}}}{\Gamma\left(\frac{k_1}{2}\right)\Gamma\left(\frac{k_2}{2}\right)}$$

eine Konstante ist. Eine Auswertung des Integrals ergibt ein endliches Resultat, falls der Exponent von y im Nenner mehr als 1 höher ist als im Zähler, also

$$\frac{\nu_1}{2}+1 < \left(\frac{\nu_1+\nu_2}{2}\right) \quad ,$$

und damit $\nu_2 > 2$ ist.

In Analogie dazu erhält man aus

$$\frac{\nu_1}{2}+2 < \left(\frac{\nu_1+\nu_2}{2}\right)$$

die Bedingung $\nu_2 > 4$.

Aufgabe 4.-15: Man zeige, dass das Quadrat einer t_ν-verteilten Zufallsvariablen $F_{1,\nu}$-verteilt ist.

Lösung 4.-15

Man führt die t-verteilte Zufallsvariable gemäß

$$\tilde{y} = \frac{\tilde{x}_2}{\sqrt{\frac{\tilde{x}_1}{\nu}}}$$

auf die stochastisch unabhängigen Zufallsvariablen $\tilde{x}_1$ und $\tilde{x}_2$ zurück, die χ^2_ν- bzw. standardnormalverteilt sind. Nun schreibt man

$$\tilde{y}^2 = \frac{\frac{\tilde{x}_2^2}{1}}{\frac{\tilde{x}_1}{\nu}} \quad ,$$

wobei $\tilde{x}_2^2$ eine χ^2_1- und $\tilde{x}_1^2$ eine χ^2_ν-Verteilung aufweist. Die Zufallsvariablen $\tilde{x}_1^2$ und $\tilde{x}_2^2$ sind wegen Satz 2.-6 stochastisch unabhängig. Deshalb ist $\tilde{y}^2$ $F_{1,\nu}$-verteilt.

Aufgabe 4.-16: Die Zufallsvariablen $\tilde{x}_1, \ldots, \tilde{x}_{10}$ sind nach $N(\mu_1; \sigma_1^2), \ldots, N(\mu_{10}; \sigma_{10}^2)$ verteilt und stochastisch unabhängig. Man gebe eine Funktion dieser Zufallsvariablen an, die $F_{6;4}$-verteilt ist.

Lösung 4.-16

Man definiert

$$\tilde{x}_I = \sum_{i=1}^{4} \left(\frac{\tilde{x}_i - \mu_i}{\sigma_i} \right)^2 \quad \text{bzw.} \quad \tilde{x}_{II} = \sum_{i=5}^{10} \left(\frac{\tilde{x}_i - \mu_i}{\sigma_i} \right)^2 \quad ;$$

diese Zufallsvariablen sind χ^2_4-bzw. χ^2_6-verteilt und stochastisch unabhängig. Der Quotient

$$\tilde{y} = \frac{\frac{\tilde{x}_I}{4}}{\frac{\tilde{x}_{II}}{6}}$$

ist damit $F_{4;6}$-verteilt; der Kehrwert

$$\frac{1}{\tilde{y}} = \frac{\frac{\tilde{x}_{II}}{6}}{\frac{\tilde{x}_I}{4}}$$

ist $F_{6;4}$-verteilt.

Kapitel 5

Konvergenzbegriffe und Grenzwertsätze

5.1. Konvergenzbegriffe

Aufgabe 5.-1: Man überprüfe die Folge von Funktionen

$$f_n(x) = \begin{cases} 4n^2x & \text{für } 0 \leq x < \dfrac{1}{2n} \\ -4n^2x + 4n & \text{für } \dfrac{1}{2n} \leq x \leq \dfrac{1}{n} \\ 0 & \text{sonst} \end{cases}$$

auf punktweise Konvergenz gegen die Funktion $f(x) = 0$ $(x \in \mathbb{R})$.

Lösung 5.-1

Zunächst erkennt man, dass die einzelnen Folgenglieder nur im Bereich $(0; 1/n)$ positive Werte annehmen. Ist nun für ein gegebenes $x > 0$ die Bedingung $n_0 > 1/x$ erfüllt, so gilt $f_n(x) = 0$ für alle $n \geq n_0$. Für $x \leq 0$ ist die Bedingung bereits für $n_0 = 1$ erfüllt. Somit ist die punktweise Konvergenz für alle $x \in \mathbb{R}$ gesichert.

Aufgabe 5.-2: Die Zufallsvariablen $\tilde{x}_n$ seien für $n \in \mathbb{N}$ nach $N\Big(\mu; \dfrac{\sigma^2 + \sqrt{n}}{n+3}\Big)$ verteilt. Man zeige, dass die Folge $\{\tilde{x}_n\}$ stochastisch gegen μ konvergiert.

Lösung 5.-2

Mit Hilfe der Ungleichung von TSCHEBYSCHEV erhält man

$$\begin{aligned}\lim_{n\to\infty} W(|\tilde{x}_n - \mu| > \varepsilon) &\le \lim_{n\to\infty} W(|\tilde{x}_n - \mu| \ge \varepsilon) \le \lim_{n\to\infty} \frac{\sigma^2 + \sqrt{n}}{(n+3)\varepsilon^2} \\ &\le \lim_{n\to\infty} \frac{\sigma^2 + \sqrt{n}}{n\varepsilon^2} = \lim_{n\to\infty} \left(\frac{\sigma^2}{n\varepsilon^2} + \frac{1}{\sqrt{n}\varepsilon^2}\right) = 0 \quad .\end{aligned}$$

Aufgabe 5.-3: Die Folge von Zufallsvariablen $\{\tilde{x}_n\}$ besitze die Wahrscheinlichkeitsfunktionen

$$f_{\tilde{x}_n}(x) = \begin{cases} \frac{3}{20} & \text{für } x = -\frac{1}{2n+1} \\ \frac{4n-1}{5n} & \text{für } x = 0 \\ \frac{1}{20} & \text{für } x = \frac{1}{2n+1} \\ \frac{1}{5n} & \text{für } x = 3 \\ 0 & \text{sonst} \end{cases} \quad .$$

a) Man überprüfe, ob es sich tatsächlich um Wahrscheinlichkeitsfunktionen handelt.

b) Man überprüfe die Folge $\{\tilde{x}_n\}$ auf stochastische Konvergenz.

c) Man überlege, was sich in den Teilaufgaben a) und b) ändert, wenn an die Stelle von $f_{\tilde{x}_n}(-1/(2n+1)) = 3/20$ und $f_{\tilde{x}_n}(1/(2n+1)) = 1/20$ die Wahrscheinlichkeiten $f_{\tilde{x}_n}(-1/(5n+1)) = 1/10$ und $f_{\tilde{x}_n}(1/(n^2+1)) = 1/10$ treten.

d) Man überlege, was sich in den Teilaufgaben a) und b) ändert, wenn an die Stelle von $f_{\tilde{x}_n}(1/(2n+1)) = 1/20$ jetzt $f_{\tilde{x}_n}(1/(2n+1)) = n/20$ tritt.

e) Man überlege, was sich in den Teilaufgaben a) und b) ändert, wenn an die Stelle $f_{\tilde{x}_n}(1/(2n+1)) = 1/20$ jetzt $f_{\tilde{x}_n}(1/21) = 1/20$ tritt.

Lösung 5.-3

a) Zunächst erkennt man, dass alle Wahrscheinlichkeiten nichtnegativ sind. Ferner gilt

$$\frac{3}{20} + \frac{4n-1}{5n} + \frac{1}{20} + \frac{1}{5n} = 1 \quad .$$

Es handelt sich also tatsächlich für alle $n \in \mathbb{N}$ um Wahrscheinlichkeitsfunktionen.

b) Man erkennt am Wertebereich der Zufallsvariablen $\tilde{x}_n$, dass die stochastische Konvergenz gegen 0 zu untersuchen ist. Mit $\varepsilon > 0$ gilt für alle n mit $\varepsilon > 1/(2n+1)$

$$W(|\tilde{x}_n| > \varepsilon) \leq W(\tilde{x}_n = 3) = \frac{1}{5n} \quad .$$

Damit folgt

$$\lim_{n\to\infty} W(|\tilde{x}_n| > \varepsilon) = \lim_{n\to\infty} \frac{1}{5n} = 0 \quad .$$

c) Die Folgen von Funktionen sind weiterhin Wahrscheinlichkeitsfunktionen, ferner ist die stochastische Konvergenz gegen 0 gesichert.

d) Die Wahrscheinlichkeiten sind wiederum nichtnegativ, es gilt jedoch

$$\frac{3}{20} + \frac{4n-1}{5n} + \frac{n}{20} + \frac{1}{5n} = \frac{19}{20} + \frac{n}{20} \quad .$$

Die Eigenschaft der Normierung ist nur für $n = 1$ erfüllt. Damit handelt es sich nicht mehr um eine Folge von Wahrscheinlichkeitsfunktionen.

e) Da nur eine Ausprägung variiert wurde, verändert sich das Ergebnis aus Teilaufgabe a) nicht. Allerdings konvergiert die Folge nicht mehr stochastisch gegen 0, da für $0 < \varepsilon < 1/21$

$$W(|\tilde{x}_n| > \varepsilon) \geq W\big(\tilde{x}_n = \frac{1}{21}\big) = \frac{1}{20}$$

für alle $n \in \mathbb{N}$ gilt.

Aufgabe 5.-4: Die Folge von Zufallsvariablen $\{\tilde{x}_n\}$ besitze die Wahrscheinlichkeitsfunktionen

$$f_{\tilde{x}_n}(x) = \begin{cases} \dfrac{2n-1}{3n} & \text{für } x = 1 \\ \dfrac{1}{3} & \text{für } x = 1 + \dfrac{1}{n+1} \\ \dfrac{1}{3n} & \text{für } x = 2 \\ 0 & \text{sonst} \end{cases} \quad .$$

a) Man überprüfe, ob es sich tatsächlich um Wahrscheinlichkeitsfunktionen handelt.

b) Man überprüfe die Folge $\{\tilde{x}_n\}$ auf stochastische Konvergenz.

Lösung 5.-4

a) Zunächst erkennt man, dass alle Wahrscheinlichkeiten nichtnegativ sind. Ferner gilt

$$\frac{2n-1}{3n} + \frac{1}{3} + \frac{1}{3n} = 1 \quad .$$

Es handelt sich also für alle $n \in \mathbb{N}$ um Wahrscheinlichkeitsfunktionen.

b) Man erkennt am Wertebereich der Zufallsvariablen $\tilde{x}_n$, dass die stochastische Konvergenz gegen die Konstante 1 untersucht werden muss. Mit $\varepsilon > 0$ gegeben gilt für n mit $\varepsilon > 1/(n+1)$

$$W(|\tilde{x}_n - 1| > \varepsilon) \leq W(\tilde{x}_n = 2) = \frac{1}{3n} \quad .$$

Damit folgt

$$\lim_{n\to\infty} W(|\tilde{x}_n - 1| > \varepsilon) = \lim_{n\to\infty} \frac{1}{3n} = 0 \quad .$$

Aufgabe 5.-5: Die Folge von Zufallsvariablen $\{\tilde{x}_n\}$ besitze die Dichtefunktionen

$$f_{\tilde{x}_n}(x) = \begin{cases} n^2x + n & \text{für } -\frac{1}{n} \leq x < 0 \\ -n^2x + n & \text{für } 0 \leq x \leq \frac{1}{n} \\ 0 & \text{sonst} \end{cases} \quad .$$

a) Man überprüfe, ob es sich tatsächlich um Dichtefunktionen handelt.

b) Man überprüfe auf stochastische Konvergenz.

Lösung 5.-5

a) Man erkennt, dass $f_{\tilde{x}_n}$ stetig und nichtnegativ für alle $n \in \mathbb{N}$ ist. Die Normiertheit folgt aus

$$\begin{aligned} \int_{-\infty}^{\infty} f_{\tilde{x}_n}(x)\,dx &= \int_{-1/n}^{0} (n^2x + n)\,dx + \int_{0}^{1/n} (-n^2x + n)\,dx \\ &= \left[\frac{n^2}{2}x^2 + nx\right]_{-1/n}^{0} + \left[-\frac{n^2}{2}x^2 + nx\right]_{0}^{1/n} = 1 \quad . \end{aligned}$$

b) Man erkennt, dass die Dichtefunktionen nur im Bereich $[-1/n; 1/n]$ positive Werte annehmen. Daraus folgt unmittelbar, dass die Folge $\{\tilde{x}_n\}$ gegen die Konstante 0 konvergieren muss. Wählt man nun für $n_0 \in \mathbb{N}$ den kleinsten Wert mit $1/n_0 < \varepsilon$, so gilt

$$W(|\tilde{x}_n| > \varepsilon) = \int_{-\infty}^{-\varepsilon} f_{\tilde{x}_n}(x)\,dx + \int_{\varepsilon}^{\infty} f_{\tilde{x}_n}(x)\,dx = 0$$

für alle $n \geq n_0$. Somit folgt

$$\lim_{n\to\infty} W(|\tilde{x}_n| > \varepsilon) = 0 \quad .$$

Aufgabe 5.-6: Die Folge von Funktionen aus Aufgabe 5.-1 sei nun eine Folge von Dichtefunktionen von Zufallsvariablen $\tilde{x}_n$. Man überprüfe die zugehörige Folge von Verteilungsfunktionen auf schwache Konvergenz.

Lösung 5.-6

Man ermittelt zunächst die Verteilungsfunktionen abschnittsweise für $0 \leq x < 1/(2n)$

$$F_{\tilde{x}_n}(x) = \int_0^x 4n^2 s\,ds = \Big[2n^2 s^2\Big]_0^x = 2n^2x^2$$

und für $1/(2n) \leq x \leq 1/n$

$$\begin{aligned} F_{\tilde{x}_n}(x) &= \frac{1}{2} + \int_{1/(2n)}^{x} -4n^2 s + 4n\,ds \\ &= \frac{1}{2} + \Big[-2n^2 s^2 + 4ns\Big]_{1/(2n)}^{x} = -2n^2x^2 + 4nx - 1 \quad . \end{aligned}$$

Insgesamt ergibt sich

$$F_{\tilde{x}_n}(x) = \begin{cases} 0 & \text{für } x < 0 \\ 2n^2x^2 & \text{für } 0 \leq x < \dfrac{1}{2n} \\ -2n^2x^2 + 4nx - 1 & \text{für } \dfrac{1}{2n} \leq x \leq \dfrac{1}{n} \\ 1 & \text{für } x > \dfrac{1}{n} \end{cases} \quad .$$

Mit derselben Argumentation wie in Aufgabe 5.-1 erhält man für $x > 1/n_0$ den Wert $F_{\tilde{x}_n}(x) = 1$ für alle $n > n_0$. Da $F_{\tilde{x}_n}(x) = 0$ für $x \le 0$ gilt, folgt schließlich

$$\lim_{n\to\infty} F_{\tilde{x}_n}(x) = F_{\tilde{x}}(x) = \begin{cases} 0 & \text{für } x < 0 \\ 1 & \text{für } x > 0 \end{cases},$$

womit die schwache Konvergenz für alle Stetigkeitsstellen nachgewiesen ist (vgl. Definition 5.-3). Die Grenzverteilungsfunktion ist die Verteilungsfunktion der Einpunktverteilung an der Stelle $x = 0$.

Aufgabe 5.-7: Die Zufallsvariablen $\tilde{x}_n$ haben die Verteilungsfunktionen

$$F_{\tilde{x}_n}(x) = \begin{cases} 0 & \text{für } x < -n \\ \dfrac{1}{2} & \text{für } -n \le x < n \\ 1 & \text{für } x \ge n \end{cases}.$$

a) Man überprüfe die Folge von Verteilungsfunktionen auf schwache Konvergenz.

b) Man überlege unter Bezugnahme auf das Ergebnis aus a), ob die korrespondierende Folge $\{\tilde{x}_n\}$ in Verteilung gegen eine Zufallsvariable $\tilde{x}$ konvergieren kann.

Lösung 5.-7

a) Die Folge $\{F_{\tilde{x}_n}\}$ konvergiert offensichtlich gegen die konstante Funktion $F(x) = 1/2$ für alle $x \in \mathbb{R}$, die jedoch keine Verteilungsfunktion ist. Daher ist die schwache Konvergenz der Folge von Verteilungsfunktionen nicht erfüllt (vgl. Definition 5.-3).

b) Notwendige Voraussetzung für die Konvergenz in Verteilung ist die schwache Konvergenz der zugehörigen Verteilungsfunktionen, die hier nicht vorliegt. Daher konvergiert die Folge $\{\tilde{x}_n\}$ nicht in Verteilung (vgl. Definition 5.-4).

Aufgabe 5.-8: $\{\tilde{x}_n\}$ sei eine Folge von Zufallsvariablen, die stochastisch gegen die Zufallsvariable $\tilde{x}$ konvergiert. Welche Aussagen lassen sich dann bezüglich

a) der Konvergenz in Verteilung der Folge $\{\tilde{x}_n\}$;

b) der Konvergenz in Verteilung der Folge $\{h(\tilde{x}_n)\}$, wobei $h : \mathbb{R} \to \mathbb{R}$ eine stetige Funktion ist;

c) und der fast sicheren Konvergenz der Folge $\{\tilde{x}_n\}$ treffen.

d) Inwieweit kann man die Folgerungen aus a) und c) umkehren?

Lösung 5.-8

a) Nach Satz 5.-3 konvergiert die Folge $\{\tilde{x}_n\}$ in Verteilung gegen $\tilde{x}$.

b) Nach Satz 5.-3 und Satz 5.-5 konvergiert die Folge $\{h(\tilde{x}_n)\}$ in Verteilung gegen $h(\tilde{x})$.

c) Aus der stochastischen Konvergenz kann im allgemeinen nicht auf die fast sichere Konvergenz geschlossen werden, da die Umkehrung von Satz 5.-7 nicht gilt.

d) Aus der Konvergenz in Verteilung kann im allgemeinen nicht auf die stochastische Konvergenz geschlossen werden, sofern es um Konvergenz gegen eine Zufallsvariable geht. Im Falle der Konvergenz gegen eine Konstante sind jedoch die Begriffe stochastische Konvergenz und Konvergenz in Verteilung äquivalent (vgl. Satz 5.-3 bzw. Satz 5.-4).

Aus der fast sicheren Konvergenz kann die stochastische Konvergenz auf Grund von Satz 5.-7 abgeleitet werden.

5.2. Das Gesetz der Großen Zahlen

Aufgabe 5.-9: $\{\tilde{x}_n\}$ sei eine Folge von stochastisch unabhängigen BERNOULLI-verteilten Zufallsvariablen mit Parameter p_n. Man zeige, dass dann

$$\frac{1}{n}\sum_{i=1}^{n}(\tilde{x}_i - p_i) \xrightarrow{p} 0$$

gilt (Satz von POISSON).

Lösung 5.-9

Aus $\mathrm{E}\,\tilde{x}_i = p_i$ und $\mathrm{var}\,\tilde{x}_i = p_i(1-p_i) \le 1/4$ folgt

$$\lim_{n\to\infty}\frac{1}{n^2}\sum_{i=1}^{n}\mathrm{var}\,\tilde{x}_i \le \lim_{n\to\infty}\left(\frac{1}{n^2}\frac{n}{4}\right) = \lim_{n\to\infty}\frac{1}{4n} = 0 \quad .$$

Nun folgt aus dem Gesetz der Großen Zahlen von TSCHEBYSCHEV die Behauptung.

Aufgabe 5.-10: Die Zufallsvariablen $\tilde{x}_n$ haben jeweils den Erwartungswert $\mathrm{E}\,\tilde{x}_n = \mu_n$ und die Varianz $\mathrm{var}\,\tilde{x}_n = \sigma_n^2$ und sind stochastisch unabhängig. Ferner gebe es eine positive endliche Konstante c mit

$$\mathrm{var}\left(\sum_{k=1}^{n}\tilde{x}_k\right) \le c\cdot n \qquad \text{für alle } k \in \mathbb{N} \quad .$$

a) Man überprüfe, ob die Folge $\{\tilde{y}_n\}$ mit

$$\tilde{y}_n = \frac{1}{n}\sum_{k=1}^{n}\left(\tilde{x}_k - \mu_k\right)$$

das schwache Gesetz der Großen Zahlen erfüllt.

b) Man überprüfe, ob die Folge $\{\tilde{y}_n\}$ das starke Gesetz der Großen Zahlen erfüllt.

Lösung 5.-10

a) Mit Hilfe der Unabhängigkeit der Zufallsvariablen $\tilde{x}_n$ erhält man

$$\frac{1}{n^2}\sum_{k=1}^{n}\operatorname{var}\tilde{x}_k = \frac{1}{n^2}\left(\operatorname{var}\sum_{k=1}^{n}\tilde{x}_k\right) \leq \frac{1}{n^2}\cdot c\cdot n = \frac{c}{n} \quad .$$

Für $n \to \infty$ konvergiert die rechte Seite gegen 0. Aus dem Gesetz der Großen Zahlen von TSCHEBYSCHEV folgt schließlich die stochastische Konvergenz der Folge $\{\tilde{x}_n\}$ gegen 0.

b) Aus der Unabhängigkeit der Zufallsvariablen $\tilde{x}_n$ folgt

$$\operatorname{var}\sum_{k=1}^{n}\tilde{x}_k = \sum_{k=1}^{n}\operatorname{var}\tilde{x}_k \leq c\cdot n \qquad \text{für alle } n \in \mathbb{N} \quad .$$

Daraus erhält man sukzessive $\operatorname{var}\tilde{x}_1 \leq c$, $\operatorname{var}\tilde{x}_2 \leq c$ und schließlich $\operatorname{var}\tilde{x}_n \leq c$ für alle $n \in \mathbb{N}$. Somit gilt

$$\sum_{k=1}^{n}\frac{\operatorname{var}\tilde{x}_k}{k^2} \leq \sum_{k=1}^{n}\frac{c}{k^2} = c\cdot\sum_{k=1}^{n}\frac{1}{k^2}$$

und wegen $\sum_{k=1}^{\infty} k^{-2} < 2$

$$\lim_{n\to\infty}\sum_{k=1}^{n}\frac{\operatorname{var}\tilde{x}_k}{k^2} < \infty \quad .$$

Aus Satz 5.-13 folgt schließlich die fast sichere Konvergenz der Folge $\{\tilde{y}_n\}$ gegen 0.

5.3. Der Zentrale Grenzwertsatz

Aufgabe 5.-11: Ein idealer Würfel wurde n-mal unabhängig geworfen. Die Zufallsvariable $\tilde{x}_i$ $(i = 1, \ldots, n)$ bezeichne die beim i-ten Wurf auftretende Augenzahl. Man ermittle die Wahrscheinlichkeit, dass sich bei 200 Würfen eine durchschnittliche Augenzahl von höchstens 3,6 ergibt.

Lösung 5.-11

Zunächst wählt man $\tilde{\bar{x}}_n := (\tilde{x}_1 + \ldots + \tilde{x}_n)/n$. Es ist dann

$$\mathrm{E}\,\tilde{\bar{x}}_n = \frac{1}{n}\big(\mathrm{E}\,\tilde{x}_1 + \ldots + \mathrm{E}\,\tilde{x}_n\big) = 3{,}5$$

und

$$\operatorname{var}\tilde{\bar{x}}_n = \frac{1}{n^2}\big(\operatorname{var}\tilde{x}_1 + \ldots + \operatorname{var}\tilde{x}_n\big) = \frac{1}{n}\Big(\frac{1^2 + \ldots + 6^2}{6} - 3{,}5^2\Big) = \frac{35}{12n} \quad .$$

Nach dem Zentralen Grenzwertsatz (Satz von LINDEBERG und LÉVY) ist dann die Zufallsvariable

$$\tilde{z}_n := \frac{\tilde{\bar{x}}_n - 3{,}5}{\sqrt{\frac{35}{12}}} \cdot \sqrt{n}$$

für $n \to \infty$ $N(0;1)$-verteilt. Damit erhält man bei 200 Würfen

$$W\big((\tilde{x}_1 + \ldots + \tilde{x}_{200})/200 \leq 3{,}6\big) \approx \Phi\Big(\frac{3{,}6 - 3{,}5}{\sqrt{\frac{35}{12}}} \cdot \sqrt{200}\Big) = 0{,}7967 \quad .$$

Aufgabe 5.-12: Vgl. Aufgabe 5.-11. Nunmehr wird der Würfel 300-mal geworfen. Man ermittle die Wahrscheinlichkeit dafür, dass mehr als 48 und höchstens 52-mal die Augenzahl 6 beobachtet wird. Dabei verwende man die Stetigkeitskorrektur.

Lösung 5.-12

Zunächst definiert man die Zufallsvariable

$$\tilde{x}_k := \begin{cases} 0 & \text{falls im } k\text{-ten Wurf keine 6 resultiert} \\ 1 & \text{falls im } k\text{-ten Wurf eine 6 resultiert} \end{cases} \quad .$$

Die Zufallsvariablen $\tilde{x}_k$ sind also BERNOULLI-verteilt mit Parameter $1/6$ $(k = 1, \ldots, n)$. Die Zufallsvariable $\tilde{y}_n := \tilde{x}_1 + \ldots + \tilde{x}_n$ ist dann binomialverteilt mit den Parametern n und $1/6$. Dann ist die Zufallsvariable

$$\tilde{z}_n := \frac{\tilde{y}_n - n \cdot \frac{1}{6}}{\sqrt{n \cdot \frac{1}{6} \cdot \frac{5}{6}}}$$

nach dem Satz von DE MOIVRE und LAPLACE für $n \to \infty$ $N(0;1)$-verteilt.

Gesucht ist die Wahrscheinlichkeit $W(48 < \tilde{y}_{300} \leq 52)$ bei $n = 300$ Würfen. Man erhält unter Berücksichtigung der Stetigkeitskorrektur

$$\begin{aligned} W(48 < \tilde{y}_{300} \leq 52) &\approx W\left(\frac{48{,}5 - 50}{\sqrt{300 \cdot 5/36}} < \tilde{z}_{300} \leq \frac{52{,}5 - 50}{\sqrt{300 \cdot 5/36}}\right) \\ &= W(-0{,}2324 < \tilde{z}_{300} \leq 0{,}3873) = \Phi(0{,}3873) - \Phi(-0{,}2324) \\ &\approx 0{,}6517 + 0{,}5910 - 1 = 0{,}2427 \quad . \end{aligned}$$

Bei exakter Rechnung mittels Binomialverteilung erhält man

$$W(48 < \tilde{y}_{300} \leq 52) = 0{,}2416 \quad .$$

Aufgabe 5.-13: Man ermittle die Anzahl der Würfe n eines idealen Würfels, mit welcher die relative Häufigkeit der Augenzahlen 6 mit einer Wahrscheinlichkeit von mindestens 0,992 im Intervall $(0{,}165; 0{,}168\bar{3}]$ liegt.

Lösung 5.-13

Man vergleiche mit der Lösung von Aufgabe 5.-11. Gesucht ist hier die Anzahl n derart, dass

$$W(0{,}165 < \tilde{\bar{x}}_n \leq 0{,}168\bar{3}) \geq 0{,}992$$

gilt. Aus dem Satz von LINDEBERG und LÉVY folgt

$$\begin{aligned} W(0{,}165 < \tilde{\bar{x}}_n \leq 0{,}168\bar{3}) &\approx \Phi(0{,}0045\sqrt{n}) - \Phi(-0{,}0045\sqrt{n}) \\ &= 2 \cdot \Phi(0{,}0045\sqrt{n}) - 1 \geq 0{,}992 \quad . \end{aligned}$$

Mit Hilfe der Tabelle der Standardnormalverteilung erhält man schließlich $0{,}0045\sqrt{n} \geq 0{,}996$ und damit $n \geq 346791$.

Kapitel 6

Theorie der Schätzfunktionen

6.1. Definition und wünschenswerte Eigenschaften von Schätzfunktionen

Aufgabe 6.-1: In Abschnitt 4.4. des Lehrbuchs wurde gezeigt, dass

$$\tilde{s}^2 = \frac{1}{n-1}\sum_{i=1}^{n}(\tilde{x}_i - \bar{\tilde{x}})^2$$

eine erwartungstreue Schätzfunktion für die Varianz einer Grundgesamtheit ist. Man zeige, dass $\tilde{s}$ keine erwartungstreue Schätzfunktion für die Standardabweichung in der Grundgesamtheit ist.

Lösung 6.-1

Unter der Voraussetzung, dass mindestens zwei verschiedene Ausprägungen vorliegen, folgt aus

$$0 < \operatorname{var}\tilde{s}^2 = \operatorname{E}\tilde{s}^2 - \left(\operatorname{E}\tilde{s}\right)^2 = \sigma^2 - \left(\operatorname{E}\tilde{s}\right)^2$$

unmittelbar

$$\left(\operatorname{E}\tilde{s}\right)^2 < \sigma^2$$

bzw.

$$\operatorname{E}\tilde{s} < \sigma \quad .$$

Aufgabe 6.-2: Die Zufallsvariable $\tilde{x}$ sei stetig rechtecksverteilt im Intervall $(0;1]$. Es liegen drei Realisationen vor. $\tilde{x}_{[i]}$ $(1 \leq i \leq 3)$ bezeichne die Zufallsvariable: "i-t-größter Wert in der Stichprobe"(Positionsstichprobenfunktion).

a) Man gebe die Verteilungen von $\tilde{x}_{[1]}$ und $\tilde{x}_{[3]}$ sowie die Werte $\mathrm{E}\,\tilde{x}_{[1]}$, $\mathrm{E}\,\tilde{x}_{[3]}$, $\mathrm{var}\,\tilde{x}_{[1]}$, $\mathrm{var}\,\tilde{x}_{[3]}$ und $\mathrm{cov}\,\tilde{x}_{[1]}, \tilde{x}_{[3]}$ an (vgl. Beispiel 6.-10 im Lehrbuch).

b) Man betrachte die Schätzfunktion

$$\tilde{\hat{x}} = \frac{1}{2}(\tilde{x}_{[1]} + \tilde{x}_{[3]})$$

(*Midrange*) und zeige, dass $\tilde{\hat{x}}$ erwartungstreu für μ ist und $\mathrm{var}\,\tilde{\hat{x}} < \mathrm{var}\,\tilde{\bar{x}}$ gilt. Man vergleiche das Ergebnis mit der Behauptung, $\tilde{\bar{x}}$ sei die wirksamste lineare erwartungstreue Schätzfunktion für den Erwartungswert der Grundgesamtheit.

Lösung 6.-2

Eine über dem Intervall $(0;1]$ rechtecksverteilte Zufallsvariable $\tilde{x}$ hat die Dichtefunktion

$$f_{\tilde{x}}(x) = \begin{cases} 1 & \text{für} \quad 0 < x \leq 1 \\ 0 & \text{sonst} \end{cases}$$

und die Verteilungsfunktion

$$F_{\tilde{x}}(x) = \begin{cases} 0 & \text{für} \quad x \leq 0 \\ x & \text{für} \quad 0 < x \leq 1 \\ 1 & \text{für} \quad x > 1 \end{cases} \quad .$$

a) Mit $n = 3$ sind die Dichtefunktionen der ersten bzw. letzten Positionsstichprobenvariablen $\tilde{x}_{[1]}$ bzw. $\tilde{x}_{[3]}$ $(0 < \tilde{x}_{[1]}, \tilde{x}_{[3]} \leq 1)$

$$\begin{aligned} g_{\tilde{x}_{[1]}}(x_{[1]}) &= 3 \cdot 1 \cdot \left(\int_{x_{[1]}}^{1} 1\,dx \right)^2 \\ &= 3 \cdot (1 - x_{[1]})^2 \end{aligned}$$

und

$$\begin{aligned} g_{\tilde{x}_{[3]}}(x_{[3]}) &= 3 \cdot 1 \cdot \left(\int_{0}^{x_{[3]}} 1\,dx \right)^2 \\ &= 3 \cdot x_{[3]}^2 \quad . \end{aligned}$$

Damit erhält man für die Erwartungswerte

$$\begin{aligned}
\mathrm{E}\,\tilde{x}_{[1]} &= 3 \cdot \int_0^1 x(1-x)^2\,dx \\
&= 3 \cdot \left[\frac{1}{4}x^4 - \frac{2}{3}x^3 + \frac{1}{2}x^2\right]_0^1 \\
&= 3 \cdot \left(\frac{1}{4} - \frac{2}{3} + \frac{1}{2}\right) = \frac{1}{4}
\end{aligned}$$

und

$$\begin{aligned}
\mathrm{E}\,\tilde{x}_{[3]} &= 3 \cdot \int_0^1 x \cdot x^2\,dx \\
&= 3 \cdot \left[\frac{1}{4}x^4\right]_0^1 = \frac{3}{4}
\end{aligned}$$

und für die Varianzen

$$\begin{aligned}
\operatorname{var}\tilde{x}_{[1]} &= 3 \cdot \int_0^1 x^2(1-x)^2\,dx - \left(\frac{1}{4}\right)^2 \\
&= 3 \cdot \left[\frac{1}{5}x^5 - \frac{1}{2}x^4 + \frac{1}{3}x^3\right]_0^1 - \frac{1}{16} \\
&= 3 \cdot \frac{1}{30} - \frac{1}{16} = \frac{3}{80}
\end{aligned}$$

und

$$\begin{aligned}
\operatorname{var}\tilde{x}_{[3]} &= 3 \cdot \int_0^1 x^2 \cdot x^2\,dx - \left(\frac{3}{4}\right)^2 \\
&= 3 \cdot \left[\frac{1}{5}x^5\right]_0^1 - \frac{9}{16} \\
&= 3 \cdot \frac{1}{5} - \frac{9}{16} = \frac{3}{80} \quad .
\end{aligned}$$

Für $n = 3$ ist die gemeinsame Dichtefunktion der ersten und letzten Positionsstichprobenvariablen $(0 < x_{[1]}, x_{[3]} \leq 1; x_{[1]} < x_{[3]})$ durch

$$
\begin{aligned}
f_{\tilde{\boldsymbol{x}}}(x_{[1]}, x_{[3]}) &= 3(3-1) f_{\tilde{x}}(x_{[1]}) f_{\tilde{x}}(x_{[3]}) \left(\int\limits_{x_{[1]}}^{x_{[3]}} f_{\tilde{x}}(x)\, dx \right)^{3-2} \\
&= 3 \cdot 2 \cdot 1 \cdot 1 \cdot \int\limits_{x_{[1]}}^{x_{[3]}} 1\, dx \\
&= 6\,(x_{[3]} - x_{[1]})
\end{aligned}
$$

gegeben. Hieraus errechnet man die Kovarianz

$$
\begin{aligned}
\operatorname{cov} \tilde{x}_{[1]}, \tilde{x}_{[3]} &= \int\limits_0^1 \int\limits_{x_{[1]}}^1 x_{[1]} \cdot x_{[3]} \cdot 6\,(x_{[3]} - x_{[1]})\, dx_{[3]}\, dx_{[1]} - \frac{1}{4} \cdot \frac{3}{4} \\
&= \int\limits_0^1 \left[2x_{[1]} x_{[3]}^3 - 3x_{[1]}^2 x_{[3]}^2 \right]_{x_{[3]}=x_{[1]}}^{x_{[3]}=1} dx_{[1]} - \frac{3}{16} \\
&= \int\limits_0^1 \left(2x_{[1]} - 3x_{[1]}^2 - 2x_{[1]}^4 + 3x_{[1]}^4 \right) dx_{[1]} - \frac{3}{16} \\
&= \left[\frac{1}{5} x_{[1]}^5 - x_{[1]}^3 + x_{[1]}^2 \right]_0^1 - \frac{3}{16} = \frac{1}{80} \quad .
\end{aligned}
$$

b) Der Midrange $\tilde{\tilde{x}}$ ist eine erwartungstreue Schätzfunktion, da

$$
\operatorname{E} \tilde{\tilde{x}} = \operatorname{E} \frac{1}{2} (\tilde{x}_{[1]} + \tilde{x}_{[3]}) = \frac{1}{2} (\operatorname{E} \tilde{x}_{[1]} + \operatorname{E} \tilde{x}_{[3]}) = \frac{1}{2} \left(\frac{1}{4} + \frac{3}{4} \right) = \frac{1}{2}
$$

gilt. Als Varianz von $\tilde{\tilde{x}}$ erhält man

$$
\begin{aligned}
\operatorname{var} \tilde{\tilde{x}} &= \operatorname{var} \frac{1}{2} (\tilde{x}_{[1]} + \tilde{x}_{[3]}) \\
&= \frac{1}{4} (\operatorname{var} \tilde{x}_{[1]} + \operatorname{var} \tilde{x}_{[3]} + 2 \operatorname{cov} \tilde{x}_{[1]}, \tilde{x}_{[3]}) \\
&= \frac{1}{4} \left(\frac{3}{80} + \frac{3}{80} + 2 \cdot \frac{1}{80} \right) = \frac{1}{40} \quad .
\end{aligned}
$$

Es gilt aber

$$\operatorname{var}\bar{\bar{x}} = \frac{\operatorname{var}\tilde{x}}{n} = \frac{1}{3 \cdot 12} = \frac{1}{36}$$

und somit

$$\operatorname{var}\tilde{\hat{x}} = \frac{1}{40} < \frac{1}{36} = \operatorname{var}\bar{\bar{x}} \quad .$$

$\tilde{\hat{x}}$ ist die wirksamste lineare erwartungstreue Schätzfunktion für den Erwartungswert μ der Grundgesamtheit. Unter den nichtlinearen erwartungstreuen Schätzfunktionen kann es wirksamere Schätzfunktionen geben.

Aufgabe 6.-3: Sei $(\tilde{x}_1, \ldots, \tilde{x}_n)$ ein Stichprobenvektor aus einer Verteilung mit der Dichtefunktion $(\theta > 0)$

$$f_{\tilde{x}}(x) = \begin{cases} \theta x^{\theta-1} & \text{für} \quad 0 < x < 1 \\ 0 & \text{sonst} \end{cases} \quad .$$

Man zeige, dass $\tilde{u} = \prod_{i=1}^{n} \tilde{x}_i$ eine erschöpfende Schätzfunktion für θ ist.

Lösung 6.-3

Aus der gegebenen Dichtefunktion erhält man die Likelihood-Funktion

$$\mathrm{L}(x_1, \ldots, x_n|\theta) = \prod_{i=1}^{n} f_{\tilde{x}}(x_i) = \prod_{i=1}^{n} \theta x_i^{\theta-1} = \theta^n \left(\prod_{i=1}^{n} x_i \right)^{\theta-1} \quad .$$

Mit der Schätzfunktion $\tilde{u} = \prod_{i=1}^{n} \tilde{x}_i$ kann man die Likelihood-Funktion auf die Form

$$\mathrm{L}(x_1, \ldots, x_n|\theta) = \theta^n u^{\theta-1} \cdot 1$$

bringen. Setzt man $g(u, \theta) := \theta^n u^{\theta-1}$ und $h(x_1, \ldots, x_n) := 1$, so erkennt man mit Hilfe des Faktorisierungstheorems, dass $\tilde{u} = \prod_{i=1}^{n} \tilde{x}_i$ eine erschöpfende Schätzfunktion für θ ist.

Aufgabe 6.-4: Sei $(\tilde{x}_1, \ldots, \tilde{x}_n)$ ein Stichprobenvektor aus einer normalverteilten Grundgesamtheit mit $\mu = 0$. Man zeige, dass die Zufallsvariablen

a) $\sum_{i=1}^{n} \tilde{x}_i^2$;

b) $\sum_{i=1}^{n} \tilde{x}_i^2 + 8$;

c) $$\frac{1}{n + \sum_{i=1}^{n} \tilde{x}_i^2}$$

suffiziente Schätzfunktionen für σ^2 sind.

Lösung 6.-4

Im vorliegenden Fall ($\mu = 0$ ist bekannt) ist die Likelihood-Funktion durch

$$\begin{aligned} L(x_1, \ldots, x_n | \sigma^2) &= \prod_{i=1}^{n} f_{\tilde{x}}(x_i) = \prod_{i=1}^{n} \frac{1}{\sqrt{2\pi\sigma^2}} \exp\left(-\frac{1}{2\sigma^2} x_i^2\right) \\ &= \frac{1}{(2\pi\sigma^2)^{\frac{n}{2}}} \exp\left(-\frac{1}{2\sigma^2} \sum_{i=1}^{n} x_i^2\right) \end{aligned}$$

gegeben.

a) Mit der Schätzfunktion $\tilde{u}_1 := \sum_{i=1}^{n} x_i^2$ kann man die Likelihood-Funktion auf die Form

$$L(x_1, \ldots, x_n | \sigma^2) = \frac{1}{(2\pi\sigma^2)^{\frac{n}{2}}} \exp\left(-\frac{1}{2\sigma^2} \cdot u_1\right) \cdot 1$$

bringen. Setzt man

$$g(u_1; \sigma^2) := \frac{1}{(2\pi\sigma^2)^{\frac{n}{2}}} \exp\left(-\frac{1}{2\sigma^2} \cdot u_1\right)$$

und $h(x_1, \ldots, x_n) := 1$, so erkennt man, dass $\tilde{u}_1 = \sum_{i=1}^{n} x_i^2$ eine suffiziente Schätzfunktion für σ^2 ist.

b) Unter Zuhilfenahme der Schätzfunktion $\tilde{u}_2 := \sum_{i=1}^{n} x_i^2 + 8$ lässt sich die Likelihood-Funktion in die Form

$$\begin{aligned} L(x_1, \ldots, x_n | \sigma^2) &= \frac{1}{(2\pi\sigma^2)^{\frac{n}{2}}} \exp\left(-\frac{1}{2\sigma^2} \left[\left(\sum_{i=1}^{n} x_i^2 + 8\right) - 8\right]\right) \\ &= \frac{1}{(2\pi\sigma^2)^{\frac{n}{2}}} \exp\left(-\frac{1}{2\sigma^2} [u_2 - 8]\right) \\ &= \frac{\exp\left(\frac{4}{\sigma^2}\right)}{(2\pi\sigma^2)^{\frac{n}{2}}} \exp\left(-\frac{1}{2\sigma^2} \cdot u_2\right) \cdot 1 \end{aligned}$$

bringen. Setzt man

$$g(u_2;\sigma^2) := \frac{\exp\left(\frac{4}{\sigma^2}\right)}{(2\pi\sigma^2)^{\frac{n}{2}}} \exp\left(-\frac{1}{2\sigma^2}\cdot u_2\right)$$

und $h(x_1,\ldots,x_n) := 1$, so wird deutlich, dass auch $\tilde{u}_2 = \sum\limits_{i=1}^{n} x_i^2 + 8$ eine suffiziente Schätzfunktion für σ^2 ist.

c) Verwendet man die Schätzfunktion $\tilde{u}_3 := \dfrac{1}{n + \sum\limits_{i=1}^{n} \tilde{x}_i^2}$, so kann man die Likelihood-Funktion in die Form

$$\begin{aligned} \mathrm{L}(x_1,\ldots,x_n|\sigma^2) &= \frac{1}{(2\pi\sigma^2)^{\frac{n}{2}}} \exp\left(-\frac{1}{2\sigma^2}\left[\left(\sum_{i=1}^{n} x_i^2 + n\right) - n\right]\right) \\ &= \frac{1}{(2\pi\sigma^2)^{\frac{n}{2}}} \exp\left(-\frac{1}{2\sigma^2}\left[\frac{1}{u_3} - n\right]\right)\cdot 1 \end{aligned}$$

bringen. Man setzt $g(u_3;\sigma^2) := \dfrac{1}{(2\pi\sigma^2)^{\frac{n}{2}}} \exp\left(-\dfrac{1}{2\sigma^2}\left(\dfrac{1}{u_3} - n\right)\right)$ und $h(x_1,\ldots,x_n) := 1$ und erkennt, dass $\tilde{u}_3 = \dfrac{1}{n + \sum\limits_{i=1}^{n} \tilde{x}_i^2}$ ebenfalls eine suffiziente Schätzfunktion für σ^2 ist.

Aufgabe 6.-5: Die Zufallsvariable $\tilde{x}$ mit der Dichtefunktion $(\lambda > 0)$

$$f_{\tilde{x}}(x) = \begin{cases} \lambda\cdot e^{-\lambda x} & \text{für } x > 0 \\ 0 & \text{sonst} \end{cases}$$

wird $n = 10$ mal unabhängig realisiert. Man prüfe, ob die Schätzfunktion

$$\tilde{u} = \sum_{i=1}^{4} \tilde{x}_i$$

eine suffiziente Schätzfunktion für den Parameter λ ist.

Lösung 6.-5

Die Likelihood-Funktion lautet:

$$\begin{aligned}
L(x_1,\dots,x_n;\lambda) &= \prod_{i=1}^{10}\lambda\cdot e^{-\lambda x_i} = \lambda^{10}\prod_{i=1}^{10}e^{-\lambda x_i} = \lambda^{10}\prod_{i=1}^{4}e^{-\lambda x_i}\cdot\prod_{i=5}^{10}e^{-\lambda x_i}\\
&= \underbrace{\lambda^{10}\cdot\exp(-\lambda\sum_{i=1}^{4}x_i)}_{=g(u,\lambda)}\cdot\underbrace{\exp(-\lambda\sum_{i=5}^{10}x_i)}_{\neq h(\boldsymbol{x}),\text{ wegen }\lambda}\quad.
\end{aligned}$$

Damit ist $\tilde{u}$ keine suffiziente Schätzfunktion für λ.

6.2. Erschöpfende Schätzfunktionen

Aufgabe 6.-6: Sei $(\tilde{x}_1, \tilde{x}_2)$ der Stichprobenvektor für $n = 2$ unabhängige Realisierungen einer Zufallsvariablen $\tilde{x}$ mit der Dichtefunktion

$$f_{\tilde{x}}(x) = \begin{cases} \frac{1}{\theta}\exp\left(-\frac{x}{\theta}\right) & \text{für} \quad x > 0 \\ 0 & \text{sonst} \end{cases}\quad.$$

a) Man zeige, dass $\tilde{y}_1 = \tilde{x}_1 + \tilde{x}_2$ eine erschöpfende Schätzfunktion für θ ist.

b) Man bestimme die gemeinsame Dichtefunktion von $\tilde{y}_1$ und $\tilde{y}_2 = \tilde{x}_2$.

c) Man zeige, dass $\tilde{y}_2$ eine erwartungstreue Schätzfunktion für θ mit Varianz θ^2 ist.

d) Man bestimme $\mathrm{E}\,(\tilde{y}_2|y_1) = \varphi(y_1)$, ermittle die Varianz von $\varphi(\tilde{y}_1)$ und vergleiche mit der Varianz von $\tilde{y}_2$.

Lösung 6.-6

a) Aus der gegebenen Dichtefunktion, einer Exponentialverteilung mit explizitem Parameter $1/\theta$, erhält man für $n = 2$ die Likelihood-Funktion

$$\begin{aligned}
\mathrm{L}(x_1, x_2; \theta) &= \frac{1}{\theta}\exp\left(-\frac{x_1}{\theta}\right)\cdot\frac{1}{\theta}\exp\left(-\frac{x_2}{\theta}\right)\\
&= \frac{1}{\theta^2}\exp\left(-\frac{1}{\theta}(x_1+x_2)\right)\quad.
\end{aligned}$$

Mit der Schätzfunktion $\tilde{y}_1 := \tilde{x}_1 + \tilde{x}_2$ lässt sich die Likelihood-Funktion darstellen als

$$\mathrm{L}(x_1, x_2; \theta) = \frac{1}{\theta^2} \exp\left(-\frac{y_1}{\theta}\right) \cdot 1 \quad .$$

Setzt man

$$g(y_1; \theta) := \frac{1}{\theta^2} \exp\left(-\frac{y_1}{\theta}\right)$$

und $h(x_1; x_2) := 1$, so erkennt man, dass $\tilde{y}_1 = \tilde{x}_1 + \tilde{x}_2$ eine suffiziente Schätzfunktion für θ ist.

b) Die Transformation

$$(\tilde{y}_1, \tilde{y}_2) = \boldsymbol{\varphi}(\tilde{x}_1, \tilde{x}_2) = (\tilde{x}_1 + \tilde{x}_2, \tilde{x}_2)$$

ist eineindeutig. Die Umkehrfunktion $\boldsymbol{\varphi}^{-1}$ ist

$$(\tilde{x}_1, \tilde{x}_2) = \boldsymbol{\varphi}^{-1}(\tilde{y}_1, \tilde{y}_2) = (\tilde{y}_1 - \tilde{y}_2, \tilde{y}_2) \quad .$$

Der Wertebereich des Zufallsvektors $(\tilde{y}_1, \tilde{y}_2)$ ist durch das zweidimensionale Intervall $\{(y_1, y_2) | (y_1, y_2) \in \mathbb{R}^2; 0 < y_2 < y_1\}$ gekennzeichnet. Die JAKOBIsche Determinante ist

$$J = \begin{vmatrix} \dfrac{\partial x_1}{\partial y_1} & \dfrac{\partial x_1}{\partial y_2} \\[2ex] \dfrac{\partial x_2}{\partial y_1} & \dfrac{\partial x_2}{\partial y_2} \end{vmatrix} = \begin{vmatrix} 1 & -1 \\ 0 & 1 \end{vmatrix} = 1 \quad .$$

Wegen der stochastischen Unabhängigkeit der Zufallsvariablen $\tilde{x}_1$ und $\tilde{x}_2$ ist die Dichtefunktion des Zufallsvektors $\tilde{\boldsymbol{x}} = (\tilde{x}_1, \tilde{x}_2)$ durch

$$\begin{aligned} f_{\tilde{\boldsymbol{x}}}(x_1, x_2) &= \frac{1}{\theta} \exp\left(-\frac{x_1}{\theta}\right) \cdot \frac{1}{\theta} \exp\left(-\frac{x_2}{\theta}\right) \\ &= \frac{1}{\theta^2} \exp\left(-\frac{1}{\theta}(x_1 + x_2)\right) \end{aligned}$$

gegeben. Hieraus erhält man die Dichtefunktion des Zufallsvektors $\tilde{\boldsymbol{y}} = (\tilde{y}_1, \tilde{y}_2) = (\tilde{x}_1 + \tilde{x}_2, \tilde{x}_2)$ im relevanten Bereich als

$$\begin{aligned} g_{\tilde{\boldsymbol{y}}}(y_1, y_2) &= \frac{1}{\theta^2} \exp\left(-\frac{1}{\theta}(y_1 - y_2 + y_2)\right) \cdot 1 \\ &= \frac{1}{\theta^2} \exp\left(-\frac{1}{\theta} y_1\right) \qquad (0 < y_2 < y_1 < \infty). \end{aligned}$$

c) Wegen $\tilde{y}_2 = \tilde{x}_2$ hat die Zufallsvariable $\tilde{y}_2$ die gleiche Verteilung wie die Zufallsvariable $\tilde{x}_2$. Der Erwartungswert ist

$$\begin{aligned}
\mathrm{E}\,\tilde{y}_2 &= \int_0^\infty y_2 \cdot \frac{1}{\theta} \exp\left(-\frac{1}{\theta} y_2\right) dy_2 \\
&= \left[y_2 \left(-\exp\left(-\frac{1}{\theta} y_2\right)\right)\right]_0^\infty - \int_0^\infty -\exp\left(-\frac{1}{\theta} y_2\right) dy_2 \\
&= 0 - \left[\theta \cdot \exp\left(-\frac{1}{\theta} y_2\right)\right]_0^\infty \\
&= 0 - (0 - \theta) = \theta \quad ,
\end{aligned}$$

die Schätzfunktion $\tilde{y}_2$ ist also erwartungstreu für θ.

Für die Varianz der Schätzfunktion $\tilde{y}_2$ errechnet man mit Hilfe des Verschiebungssatzes

$$\begin{aligned}
\mathrm{var}\,\tilde{y}_2 &= \int_0^\infty y_2^2 \cdot \frac{1}{\theta} \exp\left(-\frac{1}{\theta} y_2\right) dy_2 - \theta^2 \\
&= \left[y_2^2 \left(-\exp\left(-\frac{1}{\theta} y_2\right)\right)\right]_0^\infty - \int_0^\infty -2y_2 \exp\left(-\frac{1}{\theta} y_2\right) dy_2 - \theta^2 \\
&= 0 - 2\left[\theta^2 \left(-\frac{1}{\theta} y_2 - 1\right) \exp\left(-\frac{1}{\theta} y_2\right)\right]_0^\infty - \theta^2 \\
&= 0 - (0 - 2\theta^2) - \theta^2 = \theta^2 \quad .
\end{aligned}$$

d) Zunächst ermittelt man die Randdichtefunktion der Zufallsvariablen $\tilde{y}_1$ aus der Dichtefunktion des Zufallsvektors $\tilde{\boldsymbol{y}}$ wie folgt:

$$\begin{aligned}
g_{\tilde{y}_1}(y_1) &= \int_0^{y_1} \frac{1}{\theta^2} \exp\left(-\frac{1}{\theta} y_1\right) dy_2 \\
&= \left[\frac{1}{\theta^2} \exp\left(-\frac{1}{\theta} y_1\right) y_2\right]_{y_2=0}^{y_2=y_1} \\
&= \frac{y_1}{\theta^2} \exp\left(-\frac{1}{\theta} y_1\right) \quad .
\end{aligned}$$

Hieraus erhält man die bezüglich des Ereignisses $\{\tilde{y}_1 = y_1\}$ bedingte Dichtefunktion der Zufallsvariablen $\tilde{y}_2$ mit

$$g_{\tilde{y}_2}(y_2|y_1) = \frac{g_{\tilde{\boldsymbol{y}}}(y_1, y_2)}{g_{\tilde{y}_1}(y_1)} = \frac{\frac{1}{\theta^2}\exp\left(-\frac{1}{\theta}y_1\right)}{\frac{y_1}{\theta^2}\exp\left(-\frac{1}{\theta}y_1\right)} = \frac{1}{y_1} \quad .$$

Damit erhält man den bedingten Erwartungswert als

$$\mathrm{E}\left(\tilde{y}_2|\{\tilde{y}_1 = y_1\}\right) = \int_0^{y_1} y_2 \cdot \frac{1}{y_1}\, dy_2 = \left[\frac{y_2^2}{2y_1}\right]_0^{y_1} = \frac{y_1}{2} \quad .$$

Außerdem gilt

$$\mathrm{E}\left[\mathrm{E}\left(\tilde{y}_2|\tilde{y}_1\right)\right] = \mathrm{E}\,\tilde{y}_2 = \theta \quad .$$

Damit errechnet man unter Zuhilfenahme eines Ergebnisses aus Teilaufgabe c)

$$\begin{aligned}
\mathrm{var}\left[\mathrm{E}\left(\tilde{y}_2|\tilde{y}_1\right)\right] &= \int_0^{\infty}\left(\frac{y_1}{2}\right)^2 \frac{y_1}{\theta^2}\exp\left(-\frac{1}{\theta}y_1\right) dy_1 - \theta^2 \\
&= \left[\frac{y_1^3}{4}\left(-\frac{1}{\theta}\exp\left(-\frac{1}{\theta}y_1\right)\right)\right]_0^{\infty} \\
&\quad - \int_0^{\infty}\frac{3y_1^2}{4}\left(-\frac{1}{\theta}\exp\left(-\frac{1}{\theta}y_1\right)\right) dy_1 - \theta^2 \\
&= 0 + \frac{3}{4}\int_0^{\infty} y_1^2 \frac{1}{\theta}\exp\left(-\frac{1}{\theta}y_1\right) dy_1 - \theta^2 \\
&= 0 + \frac{3}{4}(2\theta^2) - \theta^2 = \frac{\theta^2}{2} \quad .
\end{aligned}$$

Die Schätzfunktion $\mathrm{E}\left(\tilde{y}_2|\tilde{y}_1\right)$ ist also effizienter als die Schätzfunktion $\tilde{y}_2$.

Aufgabe 6.-7: Die Zufallsvariablen $\tilde{x}_1$ und $\tilde{x}_2$ haben die gemeinsame Dichtefunktion

$$f_{\tilde{\boldsymbol{x}}}(x_1, x_2) = \begin{cases} \frac{2}{\theta^2}\exp\left(-\frac{x_1 + x_2}{\theta}\right) & \text{für} \quad 0 < x_1 < x_2 < \infty \\ \\ 0 & \text{sonst} \end{cases} \quad .$$

a) Man zeige, dass $\mathrm{E}\,\tilde{x}_2 = 3\theta/2$ und $\mathrm{var}\,\tilde{x}_2 = 5\theta^2/4$ gilt.

b) Man zeige, dass $\mathrm{E}\,(\tilde{x}_2|x_1) = x_1 + \theta$ gilt.

c) Man zeige, dass $\mathrm{var}\,(\tilde{x}_1 + \theta) = \theta^2/4$ gilt, $\mathrm{var}\,(\tilde{x}_1 + \theta)$ also kleiner als $\mathrm{var}\,\tilde{x}_2$ ist.

Lösung 6.-7

a) Zur Bestimmung von $\mathrm{E}\,\tilde{x}_2$ und $\mathrm{var}\,\tilde{x}_2$ errechnet man die Randverteilung von $\tilde{x}_2$ wie folgt:

$$\begin{aligned}
f_{\tilde{x}_2}(x_2) &= \int_0^{x_2} \frac{2}{\theta^2} \exp\left(-\frac{x_1 + x_2}{\theta}\right) dx_1 \\
&= \left[-\frac{2}{\theta} \exp\left(-\frac{x_1 + x_2}{\theta}\right)\right]_{x_1=0}^{x_1=x_2} \\
&= -\frac{2}{\theta}\left[\exp\left(-\frac{2x_2}{\theta}\right) - \exp\left(-\frac{x_2}{\theta}\right)\right] \\
&= \frac{2}{\theta}\left[\exp\left(-\frac{x_2}{\theta}\right) - \exp\left(-\frac{2x_2}{\theta}\right)\right] \quad (0 < x_2 < \infty) \quad .
\end{aligned}$$

Für den Erwartungswert und die Varianz erhält man damit

$$\begin{aligned}
\mathrm{E}\,\tilde{x}_2 &= \frac{2}{\theta}\int_0^{\infty} x_2 \cdot \left[\exp\left(-\frac{x_2}{\theta}\right) - \exp\left(-\frac{2x_2}{\theta}\right)\right] dx_2 \\
&= \frac{2}{\theta}\left[x_2\left[-\theta \exp\left(-\frac{x_2}{\theta}\right) + \frac{\theta}{2}\exp\left(-\frac{2x_2}{\theta}\right)\right]\right]_0^{\infty} \\
&\quad + \frac{2}{\theta}\int_0^{\infty} \theta \exp\left(-\frac{x_2}{\theta}\right) - \frac{\theta}{2}\exp\left(-\frac{2x_2}{\theta}\right) dx_2 \\
&= \left[-2\theta \exp\left(-\frac{x_2}{\theta}\right) + \frac{\theta}{2}\exp\left(-\frac{2x_2}{\theta}\right)\right]_0^{\infty} \\
&= \frac{3}{2}\theta
\end{aligned}$$

und

$$\mathrm{var}\,\tilde{x}_2 = \frac{2}{\theta}\int_0^{\infty} x_2^2 \cdot \left[\exp\left(-\frac{x_2}{\theta}\right) - \exp\left(-\frac{2x_2}{\theta}\right)\right] dx_2 - \frac{9}{4}\theta^2$$

$$
\begin{aligned}
&= \frac{2}{\theta}\left[x_2^2\left[-\theta\exp\left(-\frac{x_2}{\theta}\right)+\frac{\theta}{2}\exp\left(-\frac{2x_2}{\theta}\right)\right]\right]_0^\infty \\
&\quad -\frac{2}{\theta}\int_0^\infty 2x_2\left[-\theta\exp\left(-\frac{x_2}{\theta}\right)+\frac{\theta}{2}\exp\left(-\frac{2x_2}{\theta}\right)\right]dx_2-\frac{9}{4}\theta^2 \\
&= 0+4\int_0^\infty x_2\exp\left(-\frac{x_2}{\theta}\right)dx_2-2\int_0^\infty x_2\exp\left(-\frac{2x_2}{\theta}\right)dx_2-\frac{9}{4}\theta^2 \\
&= \left[4x_2(-\theta)\exp\left(-\frac{x_2}{\theta}\right)\right]_0^\infty-4\int_0^\infty(-\theta)\exp\left(-\frac{x_2}{\theta}\right)dx_2 \\
&\quad -\left[2x_2\left(-\frac{\theta}{2}\right)\exp\left(-\frac{2x_2}{\theta}\right)\right]_0^\infty+2\int_0^\infty\left(-\frac{\theta}{2}\right)\exp\left(-\frac{2x_2}{\theta}\right)dx_2-\frac{9}{4}\theta^2 \\
&= 0+\left[4\theta(-\theta)\exp\left(-\frac{x_2}{\theta}\right)\right]_0^\infty+\left[\frac{\theta^2}{2}\exp\left(-\frac{2x_2}{\theta}\right)\right]_0^\infty-\frac{9}{4}\theta^2 \\
&= 4\theta^2-\frac{\theta^2}{2}-\frac{9}{4}\theta^2=\frac{5}{4}\theta^2 \quad .
\end{aligned}
$$

b) Die zur Bestimmung von $\mathrm{E}(\tilde{x}_2|x_1) = x_1+\theta$ benötigte Randdichtefunktion von $\tilde{x}_1$ errechnet sich wie folgt:

$$
\begin{aligned}
f_{\tilde{x}_1}(x_1) &= \int_{x_1}^\infty \frac{2}{\theta^2}\exp\left(-\frac{x_1+x_2}{\theta}\right)dx_2 \\
&= \left[-\frac{2}{\theta}\exp\left(-\frac{x_1+x_2}{\theta}\right)\right]_{x_2=x_1}^{x_2=\infty} \\
&= \frac{2}{\theta}\exp\left(-\frac{2x_1}{\theta}\right)
\end{aligned}
$$

$(0<x_1<\infty)$. Damit ergibt sich $(x_1>0)$

$$
\begin{aligned}
\mathrm{E}(\tilde{x}_2|x_1) &= \int_{x_1}^\infty x_2\cdot\frac{f_{\tilde{\mathbf{x}}}(x_1,x_2)}{f_{\tilde{x}_1}(x_1)}dx_2 \\
&= \int_{x_1}^\infty x_2\cdot\frac{\frac{2}{\theta^2}\exp\left(-\frac{x_1+x_2}{\theta}\right)}{\frac{2}{\theta}\exp\left(-\frac{2x_1}{\theta}\right)}dx_2
\end{aligned}
$$

$$\begin{aligned}
&= \frac{1}{\theta}\int_{x_1}^{\infty} x_2 \exp\left(\frac{x_1 - x_2}{\theta}\right) dx_2 \\
&= \left[\frac{x_2}{\theta}(-\theta)\exp\left(\frac{x_1 - x_2}{\theta}\right)\right]_{x_2=x_1}^{x_2=\infty} \\
&\quad -\frac{1}{\theta}\int_{x_1}^{\infty} (-\theta)\exp\left(\frac{x_1 - x_2}{\theta}\right) dx_2 \\
&= x_1 + \left[(-\theta)\exp\left(\frac{x_1 - x_2}{\theta}\right)\right]_{x_2=x_1}^{x_2=\infty} \\
&= x_1 + \theta \quad .
\end{aligned}$$

c) Es gilt $\operatorname{var}(\tilde{x}_1 + \theta) = \operatorname{var}\tilde{x}_1$. Für die Varianz der Zufallsvariablen $\tilde{x}_1$ erhält man

$$\begin{aligned}
\operatorname{var}\tilde{x}_1 &= \frac{2}{\theta}\int_0^{\infty} x_1^2 \cdot \exp\left(-\frac{2x_1}{\theta}\right) dx_1 - \left[\frac{2}{\theta}\int_0^{\infty} x_1 \cdot \exp\left(-\frac{2x_1}{\theta}\right) dx_1\right]^2 \\
&= \frac{2}{\theta}\left[x_1^2\left(-\frac{\theta}{2}\right)\exp\left(-\frac{2x_1}{\theta}\right)\right]_0^{\infty} \\
&\quad -\frac{4}{\theta}\int_0^{\infty} x_1\left(-\frac{\theta}{2}\right)\exp\left(\frac{2x_1}{\theta}\right) dx_1 - (\mathrm{E}\,\tilde{x}_1)^2 \\
&= 0 + \theta \cdot \mathrm{E}\,\tilde{x}_1 - (\mathrm{E}\,\tilde{x}_1)^2 \quad .
\end{aligned}$$

Den Erwartungswert der Zufallsvariablen $\tilde{x}_1$ errechnet man als

$$\begin{aligned}
\mathrm{E}\,\tilde{x}_1 &= \frac{2}{\theta}\int_0^{\infty} x_1 \cdot \exp\left(-\frac{2x_1}{\theta}\right) dx_1 \\
&= \frac{2}{\theta}\left[x_1\left(-\frac{\theta}{2}\right)\exp\left(-\frac{2x_1}{\theta}\right)\right]_0^{\infty} - \frac{2}{\theta}\int_0^{\infty}\left(-\frac{\theta}{2}\right)\exp\left(-\frac{2x_1}{\theta}\right) dx_1 \\
&= 0 + \left[\left(-\frac{\theta}{2}\right)\exp\left(-\frac{2x_1}{\theta}\right)\right]_0^{\infty} \\
&= \frac{\theta}{2}
\end{aligned}$$

und erhält somit für die Varianz

$$\operatorname{var}\tilde{x}_1 = \frac{\theta^2}{2} - \frac{\theta^2}{4} = \frac{\theta^2}{4} \quad .$$

Aufgabe 6.-8: Man vergleiche die Lösung von Aufgabe 2.-6.

Man errechne $\mathrm{E}\left[\mathrm{E}\left(\tilde{x}_2|\tilde{x}_1\right)\right]$, $\mathrm{E}\left[\operatorname{var}\left(\tilde{x}_2|\tilde{x}_1\right)\right]$ und $\operatorname{var}\left[\mathrm{E}\left(\tilde{x}_2|\tilde{x}_1\right)\right]$ und verifiziere mit diesen Werten beide Gleichungen in Satz 2.-13.

Lösung 6.-8

Die in Aufgabe 2.-1 angegebene verbundene Dichtefunktion des Zufallsvektors $(\tilde{x}_1, \tilde{x}_2)$ ist

$$f_{\tilde{\boldsymbol{x}}}(x_1, x_2) = \begin{cases} \dfrac{1}{2}(4x_1x_2 + 1) & \text{für} \quad 0 \leq x_1 \leq 1 \ \wedge \ 0 \leq x_2 \leq 1 \\ 0 & \text{sonst} \end{cases} \quad ,$$

die zugehörigen Randdichtefunktionen von $\tilde{x}_1$ bzw. $\tilde{x}_2$ sind

$$f_{\tilde{x}_1}(x_1) = \begin{cases} \frac{1}{2}(2x_1 + 1) & \text{für} \quad 0 \leq x_1 \leq 1 \\ 0 & \text{sonst} \end{cases}$$

und

$$f_{\tilde{x}_2}(x_2) = \begin{cases} \frac{1}{2}(2x_2 + 1) & \text{für} \quad 0 \leq x_2 \leq 1 \\ 0 & \text{sonst} \end{cases} \quad .$$

Für $0 \leq x_1 \leq 1$ erhält man

$$\begin{aligned} \mathrm{E}\left(\tilde{x}_2|\{\tilde{x}_1 = x_1\}\right) &= \int_0^1 x_2 \cdot \frac{\frac{1}{2}(4x_1x_2 + 1)}{\frac{1}{2}(2x_1 + 1)}\, dx_2 \\ &= \frac{1}{2x_1 + 1} \int_0^1 \left(4x_1x_2^2 + x_2\right) dx_2 \\ &= \frac{1}{2x_1 + 1} \left[\frac{4}{3}x_1x_2^3 + \frac{1}{2}x_2^2\right]_{x_2=0}^{x_2=1} \\ &= \frac{1}{2x_1 + 1} \left(\frac{4}{3}x_1 + \frac{1}{2}\right) = \frac{8x_1 + 3}{6(2x_1 + 1)} \quad . \end{aligned}$$

Mit obiger Randverteilung von $\tilde{x}_1$ ergibt sich damit

$$\begin{aligned}
\mathrm{E}\left[\mathrm{E}\left(\tilde{x}_2|\tilde{x}_1\right)\right] &= \int\limits_0^1 \frac{8x_1+3}{6(2x_1+1)} \cdot \frac{1}{2}(2x_1+1)\,dx_1 \\
&= \int\limits_0^1 \frac{1}{12}(8x_1+3)\,dx_1 \\
&= \frac{1}{12}\left[4x_1^2+3x_1\right]_0^1 = \frac{7}{12} \quad .
\end{aligned}$$

Berechnet man $\mathrm{E}\,\tilde{x}_2$, so erhält man in Übereinstimmung mit Satz 2.-13

$$\mathrm{E}\,\tilde{x}_2 = \int\limits_0^1 x_2 \cdot \frac{1}{2}(2x_2+1)\,dx_2 = \left[\frac{1}{3}x_2^3 + \frac{1}{4}x_2^2\right]_0^1 = \frac{7}{12} \quad .$$

Für die Varianz $\mathrm{var}\left[\mathrm{E}\left(\tilde{x}_2|\tilde{x}_1\right)\right]$ erhält man

$$\begin{aligned}
\mathrm{var}\left[\mathrm{E}\left(\tilde{x}_2|\tilde{x}_1\right)\right] &= \int\limits_0^1 \left(\frac{8x_1+3}{6(2x_1+1)}\right)^2 \cdot \frac{1}{2}(2x_1+1)\,dx_1 - \frac{49}{144} \\
&= \frac{1}{72}\int\limits_0^1 \frac{(8x_1+3)^2}{2x_1+1}\,dx_1 - \frac{49}{144} \\
&= \frac{1}{72}\int\limits_0^1 32x_1 + 8 + \frac{1}{2x_1+1}\,dx_1 - \frac{49}{144} \\
&= \frac{1}{72}\left[16x_1^2 + 8x_1 + \frac{1}{2}\ln\left(2x_1+1\right)\right]_0^1 - \frac{49}{144} \\
&= \frac{1}{72}(16+8+\frac{1}{2}\ln 3) - \frac{49}{144} = \frac{1}{144}(\ln 3 - 1) \quad .
\end{aligned}$$

Für $\mathrm{var}\left(\tilde{x}_2|\{\tilde{x}_1 = x_1\}\right)$ errechnet man

$$\mathrm{var}\left(\tilde{x}_2|\{\tilde{x}_1 = x_1\}\right) = \int\limits_0^1 x_2^2 \cdot \frac{\frac{1}{2}(4x_1x_2+1)}{\frac{1}{2}(2x_1+1)}\,dx_2 - \left(\frac{8x_1+3}{6(2x_1+1)}\right)^2$$

$$\begin{aligned}
&= \frac{1}{2x_1+1}\int_0^1 \left(4x_1x_2^3 + x_2^2\right) dx_2 - \left(\frac{8x_1+3}{6(2x_1+1)}\right)^2 \\
&= \frac{1}{2x_1+1}\left[x_1x_2^4 + \frac{1}{3}x_2^3\right]_{x_2=0}^{x_2=1} - \left(\frac{8x_1+3}{6(2x_1+1)}\right)^2 \\
&= \frac{3x_1+1}{3(2x_1+1)} - \left(\frac{8x_1+3}{6(2x_1+1)}\right)^2 \quad .
\end{aligned}$$

Für den Erwartungswert dieser Zufallsvariablen erhält man

$$\begin{aligned}
\mathrm{E}\left[\mathrm{var}\left(\tilde{x}_2|\tilde{x}_1\right)\right] &= \int_0^1 \left[\frac{3x_1+1}{3(2x_1+1)} - \left(\frac{8x_1+3}{6(2x_1+1)}\right)^2\right] \cdot \frac{1}{2}(2x_1+1)\, dx_1 \\
&= \int_0^1 \frac{1}{6}(3x_1+1)\, dx_1 - \int_0^1 \frac{1}{72}\frac{(8x_1+3)^2}{2x_1+1}\, dx_1 \\
&= \left[\frac{1}{4}x_1^2 + \frac{1}{6}x_1\right]_0^1 - \int_0^1 \frac{1}{72}\left(32x_1 + 8 + \frac{1}{2x_1+1}\right) dx_1 \\
&= \frac{5}{12} - \frac{1}{72}\left[16x_1^2 + 8x_1 + \frac{1}{2}\ln\left(2x_1+1\right)\right]_0^1 \\
&= \frac{5}{12} - \frac{1}{72}(24 + \frac{1}{2}\ln 3) = \frac{1}{12} - \frac{1}{144}\ln 3 \quad .
\end{aligned}$$

Als Summe erhält man

$$\mathrm{var}\left[\mathrm{E}\left(\tilde{x}_2|\tilde{x}_1\right)\right] + \mathrm{E}\left[\mathrm{var}\left(\tilde{x}_2|\tilde{x}_1\right)\right] = \frac{11}{144} \quad .$$

In Übereinstimmung mit Satz 2.-13 errechnet man für $\mathrm{var}\,\tilde{x}_2$

$$\begin{aligned}
\mathrm{var}\,\tilde{x}_2 &= \int_0^1 x_2^2 \cdot \frac{1}{2}(2x_2+1)\, dx_2 - \frac{49}{144} \\
&= \left[\frac{1}{4}x_2^4 + \frac{1}{6}x_2^3\right]_0^1 - \frac{49}{144} = \frac{11}{144} \quad .
\end{aligned}$$

Aufgabe 6.-9: Die Zufallsvariablen $\tilde{x}_i$ $(i = 1, 2, 3)$ seien normalverteilt mit den Parametern $\mu_i = \mu$ und $\sigma_i^2 = 1$ und stochastisch unabhängig. Ferner seien die Zufallsvariablen $\tilde{y} = \tilde{x}_1 + \tilde{x}_2 + \tilde{x}_3$ und $\tilde{z} = \frac{1}{2}(\tilde{x}_1 + \tilde{x}_3)$ gegeben.

Man berechne den Erwartungswert $\mathrm{E}\,(\tilde{z}|y)$ in Abhängigkeit von y. Ferner kommentiere man das Ergebnis und gehe dabei auf das Theorem von RAO und BLACKWELL ein.

Lösung 6.-9

Wegen der Reproduktivitätseigenschaft der Normalverteilung sind die Linearkombinationen $\tilde{y} = \tilde{x}_1 + \tilde{x}_2 + \tilde{x}_3$ und $\tilde{z} = \frac{1}{2}(\tilde{x}_1 + \tilde{x}_3)$ wieder normalverteilt; dabei ist $\tilde{y}$ verteilt nach $N(3\mu;\, 3)$ und $\tilde{z}$ nach $N(\mu;\, 1/2)$. Die Dichtefunktion der Zufallsvariablen $\tilde{z}$ unter der Bedingung, dass $\{\tilde{y} = y\}$ bekannt ist, errechnet sich aus

$$f_{\tilde{z}|\tilde{y}}(z|y) = \frac{f_{(\tilde{z},\tilde{y})}(z, y)}{f_{\tilde{y}}(y)} \, .$$

Es gilt

$$f_{\tilde{y}}(y) = \frac{1}{\sqrt{2\pi}\sqrt{3}} \exp\left(-\frac{(y - 3\mu)^2}{6}\right) \, .$$

$\tilde{z}$ und $\tilde{y}$ sind nicht stochastisch unabhängig, ihre Kovarianz wird mit

$$\begin{aligned}
\operatorname{cov} \tilde{y}, \tilde{z} &= \operatorname{cov}\,(\tilde{x}_1 + \tilde{x}_2 + \tilde{x}_3)(\frac{1}{2}\tilde{x}_1 + \frac{1}{2}\tilde{x}_3) \\
&= \operatorname{cov}\,(\tilde{x}_1, \frac{1}{2}\tilde{x}_1) + \operatorname{cov}\,(\tilde{x}_3, \frac{1}{2}\tilde{x}_3) \\
&= \frac{1}{2}\operatorname{var} \tilde{x}_1 + \frac{1}{2}\operatorname{var} \tilde{x}_3 = 1
\end{aligned}$$

errechnet. Man erhält

$$\varrho = \frac{1}{\sqrt{3}\sqrt{\frac{1}{2}}} = \sqrt{\frac{2}{3}} \, .$$

Die gemeinsame Dichtefunktion ist damit

$$\begin{aligned}
f_{\tilde{z},\tilde{y}}(z, y) &= \frac{1}{2\pi\sqrt{3}\sqrt{\frac{1}{2}}\sqrt{1 - \frac{2}{3}}} \\
&\quad \cdot \exp\left(-\frac{1}{2(1 - \frac{2}{3})}\left[\frac{(y - 3\mu)^2}{3} - 2\sqrt{\frac{2}{3}}\frac{(y - 3\mu)(z - \mu)}{\sqrt{3}\sqrt{\frac{1}{2}}} + \frac{(z - \mu)^2}{\frac{1}{2}}\right]\right) \, .
\end{aligned}$$

Für die bedingte Dichtefunktion $f_{\tilde{z}|\tilde{y}}(z|y)$ erhält man somit

$$\begin{aligned}
f_{\tilde{z}|\tilde{y}}(z|y) &= \frac{\frac{1}{2\pi\sqrt{\frac{1}{2}}}\exp\left(-\frac{3}{2}\left[\frac{(y-3\mu)^2}{3} - 2\sqrt{\frac{2}{3}}\frac{(y-3\mu)(z-\mu)}{\sqrt{\frac{3}{2}}} + \frac{(z-\mu)^2}{\frac{1}{2}}\right]\right)}{\frac{1}{\sqrt{2\pi}\sqrt{3}}\exp\left(-\frac{(y-3\mu)^2}{6}\right)} \\
&= \frac{1}{\sqrt{2\pi}\sqrt{\frac{1}{6}}}\exp\left(-\frac{(y-3\mu)^2}{3} + 2(y-3\mu)(z-\mu) - 3(z-\mu)^2\right) \\
&= \frac{1}{\sqrt{2\pi}\sqrt{\frac{1}{6}}}\exp\left(-3\left[\frac{(y-3\mu)^2}{9} - \frac{2}{3}(y-3\mu)(z-\mu) + (z-\mu)^2\right]\right) \\
&= \frac{1}{\sqrt{2\pi}\sqrt{\frac{1}{6}}}\exp\left(-\frac{1}{\frac{1}{3}}\left[\frac{(y-3\mu)}{3} - (z-\mu)\right]^2\right) \\
&= \underbrace{\frac{1}{\sqrt{2\pi}\sqrt{\frac{1}{6}}}\exp\left(-\frac{\left(z-\frac{1}{3}y\right)^2}{2\cdot\frac{1}{6}}\right)}_{\text{Dichtefunktion von } N(\frac{1}{3}y;\frac{1}{6})} \quad .
\end{aligned}$$

Der bedingte Erwartungswert ist somit

$$\mathrm{E}(\tilde{z}|y) = \frac{1}{3}y \quad .$$

Mit $\tilde{y} = \tilde{x}_1 + \tilde{x}_2 + \tilde{x}_3$ und $\tilde{z} = \frac{1}{2}(\tilde{x}_1 + \tilde{x}_3)$ ist $\tilde{y}$ eine suffiziente Schätzfunktion für $\mathrm{E}\,\tilde{x}$ und $\tilde{z}$ eine erwartungstreue Schätzfunktion für $\mathrm{E}\,\tilde{x}$. Damit ist $\mathrm{E}(\tilde{z}|y)$ nach dem Theorem von RAO und BLACKWELL eine mindestens ebenso wirksame Schätzfunktion für $\mathrm{E}\,\tilde{x}$ wie $\tilde{z}$.

6.3. Methoden zur Konstruktion von Schätzfunktionen

Aufgabe 6.-10: Eine mit den Parametern $n \in \mathbb{N}$ und $\theta \in (0;1)$ binomialverteilte Zufallsvariable $\tilde{x}$ wird m-mal unabhängig realisiert. Man ermittle einen Maximum-Likelihood-Schätzwert (vgl. Definition 6.-15) für den Parameter θ.

Lösung 6.-10

Zunächst ist

$$b_{\tilde{x}}(x|n,\theta) = \binom{n}{x}\theta^x(1-\theta)^{n-x} \qquad \text{für } x = 0,1,\ldots,n.$$

Die Likelihood-Funktion lautet daher

$$L(x_1,\ldots,x_m;\theta) = \prod_{i=1}^{m}\binom{n}{x_i}\theta^{x_i}(1-\theta)^{n-x_i} \quad . \tag{6.3.-1}$$

Durch Ableiten der logarithmierten Likelihood-Funktion

$$\log L(x_1,\ldots,x_m;\theta) = \sum_{i=1}^{m}\left(\log\binom{n}{x_i} + x_i\log\theta + (n-x_i)\log(1-\theta)\right)$$

nach θ erhält man

$$\frac{\partial \log L(x_1,\ldots,x_m;\theta)}{\partial\theta} = \sum_{i=1}^{m}\left(\frac{x_i}{\theta} + \frac{x_i-n}{1-\theta}\right) \quad .$$

Man erhält schließlich durch Nullsetzen und Auflösen nach θ den ML-Schätzwert

$$\hat{\theta} = \frac{1}{mn}\sum_{i=1}^{m}x_i$$

für den Parameter θ.

Aufgabe 6.-11: Die Zufallsvariable $\tilde{x}$ sei hypergeometrisch verteilt mit den Parametern M, N und n. Der Parameter N sei bekannt. Man bestimme einen ML-Schätzwert für den Parameter M für den Fall, dass die Zufallsvariable $\tilde{x}$ genau $m = 1$-mal realisiert wird.

Lösung 6.-11

Bei einem Stichprobenumfang von $m = 1$ muss die Likelihood-Funktion

$$L(x;M) = \frac{\binom{M}{x}\binom{N-M}{n-x}}{\binom{N}{n}} \qquad \text{mit } M \in \{0;1;\ldots;N\}$$

bezüglich des Parameters M maximiert werden. Die Likelihood-Funktion ist streng monoton steigend, solange $L(x;M-1) \leq L(x;M)$ und damit

$$\frac{L(x;M)}{L(x;M-1)} \leq 1$$

ist. Dann folgt

$$\frac{L(x;M)}{L(x;M-1)} = \frac{\dfrac{M!}{(M-x)!x!} \cdot \dfrac{(N-M)!}{(N-M-(n-x))!(n-x)!}}{\dfrac{(M-1)!}{(M-1-x)!x!} \cdot \dfrac{(N-M+1)!}{(N-M+1-(n-x))!(n-x)!}}$$

$$= \frac{M(N-M+1-(n-x))}{(M-x)(N-M+1)} \geq 1$$

und nach Umformung schließlich

$$M \leq \frac{x}{n} \cdot (N+1) \quad .$$

Der ML-Schätzwert für den Parameter M ist dann die größte natürliche Zahl $\widehat{M}$, die höchstens den Wert $\frac{x}{n} \cdot (N+1)$ aufweist. Die hinreichende Bedingung für ein Maximum folgt aus der Eindeutigkeit der Lösung.

Aufgabe 6.-12: Der Zufallsvektor $(\tilde{x};\tilde{y})$ wird n-mal unabhängig realisiert. Es wird unterstellt, dass zwischen den beiden Variablen der Zusammenhang $\tilde{y} = \beta_1 + \beta_2\tilde{x}$ besteht und dass $\tilde{y}$ normalverteilt mit Parametern $\mu = \beta_1 + \beta_2 x$ und σ^2 ist. Man bestimme mit Hilfe der ML-Methode Schätzwerte für die Parameter β_1 und β_2.

Lösung 6.-12

Die Likelihood-Funktion ist

$$L(y_1,\dots,y_n;\beta_1,\beta_2) = \prod_{i=1}^{n} \frac{1}{\sqrt{2\pi\sigma^2}} \exp\Big(-\frac{1}{2\sigma^2} \cdot \big(y_i - (\beta_1 + \beta_2 x_i)\big)^2\Big)$$

$$= \left(\frac{1}{2\pi\sigma^2}\right)^n \exp\left(-\frac{1}{2\sigma^2}\sum_{i=1}^{n}\big(y_i - (\beta_1 + \beta_2 x_i)\big)^2\right) \quad .$$

Daraus folgt

$$\frac{\partial \ln L(y_1,\dots,y_n;\beta_1,\beta_2)}{\partial \beta_1} = \frac{1}{\sigma^2}\sum_{i=1}^{n}(y_i - \beta_1 - \beta_2 x_i)$$

bzw.

$$\frac{\partial \ln L(y_1,\dots,y_n;\beta_1,\beta_2)}{\partial \beta_2} = \frac{1}{\sigma^2}\sum_{i=1}^{n}(y_i - \beta_1 - \beta_2 x_i)x_i \quad .$$

Durch Nullsetzen der Ableitungen erhält man nach Umformung

$$\beta_1 + \beta_2 \bar{x} = \bar{y} \qquad \text{und} \qquad \beta_1 \bar{x} + \beta_2 \cdot \frac{1}{n} \sum_{i=1}^{n} x_i^2 = \frac{1}{n} \sum_{i=1}^{n} y_i x_i \quad .$$

Daraus ermittelt man die Schätzwerte

$$\hat{\beta}_2 = \frac{\frac{1}{n} \sum_{i=1}^{n} x_i y_i - \bar{x}\bar{y}}{\frac{1}{n} \sum_{i=1}^{n} x_i^2 - \bar{x}^2}$$

und

$$\hat{\beta}_1 = \bar{y} - \hat{\beta}_2 \bar{x} \quad .$$

Es handelt sich hierbei um dieselbe Lösung, die man mittels Kleinste-Quadrate-Methode im Rahmen der linearen Einfachregression erhält.

Aufgabe 6.-13: Eine Zufallsvariable $\tilde{x}$ ist binomialverteilt mit den Parametern m und θ. Sie wird n-mal unabhängig realisiert. Man ermittle Schätzwerte für die Parameter m und θ mit Hilfe der Momentenmethode.

Lösung 6.-13

Man setzt $g_1 = \mathrm{E}\,\tilde{x} = m\theta$ und $g_2 = \mathrm{E}\,\tilde{x}^2 = m\theta(1-\theta) + (m\theta)^2$. Dann folgt

$$\theta = \frac{g_1}{m} \qquad \text{und} \qquad g_2 = g_1 - g_1\theta + g_1^2 \quad .$$

Daraus erhält man die Schätzwerte

$$\hat{\theta} = \frac{g_1 - g_2 + g_1^2}{g_1} \qquad \text{und} \qquad \hat{m} = \frac{g_1^2}{g_1 - g_2 + g_1^2} \quad .$$

Aufgabe 6.-14: Eine stetige Zufallsvariable $\tilde{x}$ besitze den Erwartungswert

$$\mathrm{E}\,\tilde{x} = \frac{2a^2 + b}{2}$$

und die Varianz

$$\operatorname{var} \tilde{x} = 2a^2 + a + b - \left(\frac{2a^2 + b}{2} \right)^2 \quad ;$$

a und b seien dabei Parameter der Dichtefunktion von $\tilde{x}$. Man ermittle Schätzwerte für die Parameter a und b mit Hilfe der Momentenmethode.

Lösung 6.-14

Man setzt

$$g_1 = \frac{2a^2 + b}{2} \qquad \text{und} \qquad g_2 = 2a^2 + a + b \quad .$$

Daraus errechnet man

$$a = g_2 - 2g_1 \qquad \text{und} \qquad b = 2g_1 - 2(g_2 - 2g_1)^2 \quad .$$

Kapitel 7

Statistische Prüfung von Hypothesen

7.1. Grundbegriffe

Aufgabe 7.-1: Eine Zufallsvariable $\tilde{x}$ mit der Dichtefunktion

$$f_{\tilde{x}}(x|\theta) = \begin{cases} \frac{1}{\theta} \exp\left(-\frac{x}{\theta}\right) & \text{für} \quad x > 0 \\ \\ 0 & \text{sonst} \end{cases}$$

$(\theta > 0)$ wird $n = 2$-mal unabhängig realisiert. Zu prüfen ist $H_0 : \theta = \theta_0 = 2$ gegen $H_1 : \theta = \theta_1 = 1$. H_0 wird abgelehnt, wenn

$$\frac{f_{\tilde{x}}(x_1|2) \cdot f_{\tilde{x}}(x_2|2)}{f_{\tilde{x}}(x_1|1) \cdot f_{\tilde{x}}(x_2|1)} \leq \frac{1}{2}$$

ist. Man ermittle das Signifikanzniveau des Tests und dessen Trennschärfe für den Fall, dass H_0 falsch ist.

Lösung 7.-1

Es gilt:

$$\begin{aligned} C &= \left\{ (x_1, x_2) \in \mathbb{R}^2 \middle| \frac{\frac{1}{4} \exp\left(-\frac{1}{2}(x_1 + x_2)\right)}{\exp\left(-(x_1 + x_2)\right)} \leq \frac{1}{2} \right\} \\ &= \left\{ (x_1, x_2) \in \mathbb{R}^2 \middle| \exp\left(\frac{1}{2}(x_1 + x_2)\right) \leq 2 \right\} \end{aligned}$$

$$= \left\{(x_1,x_2)\in\mathbb{R}^2 \,\middle|\, \frac{1}{2}(x_1+x_2)\le \ln 2\right\}$$

$$= \left\{(x_1,x_2)\in\mathbb{R}^2 \,\middle|\, x_1+x_2\le 2\ln 2\right\} \quad .$$

Die Summe $\tilde{y}_2 = \tilde{x}_1 + \tilde{x}_2$ zweier Zufallsvariabler ist verteilt nach

$$g_{\tilde{y}_2}(y_2) = \int\limits_{-\infty}^{\infty} f_{\tilde{\boldsymbol{x}}}(y_1, y_2 - y_1)\, dy_1 \quad .$$

Die Dichtefunktion des Zufallsvektors $\tilde{\boldsymbol{x}}$ ist unter H_0

$$f_{\tilde{\boldsymbol{x}}}(x_1,x_2) = \frac{1}{4}\exp\left(-\frac{1}{2}(x_1+x_2)\right) \quad ,$$

also gilt

$$\begin{aligned}
g_{\tilde{y}_2}(y_2) &= \int\limits_{0}^{y_2} \frac{1}{4}\exp\left(-\frac{1}{2}(y_1+y_2-y_1)\right) dy_1 \\
&= \frac{1}{4}\left[y_1 \exp\left(-\frac{1}{2}y_2\right)\right]_{y_1=0}^{y_1=y_2} \\
&= \frac{1}{4}y_2 \exp\left(-\frac{1}{2}y_2\right) \quad .
\end{aligned}$$

Damit errechnet man das Signifikanzniveau wie folgt:

$$\begin{aligned}
\alpha_0 &= F_{\tilde{y}_2}(2\ln 2 \,|\, 2) \\
&= \int\limits_{0}^{2\ln 2} g_{\tilde{y}_2}(y_2)\, dy_2 \\
&= \frac{1}{4}\int\limits_{0}^{2\ln 2} \exp\left(-\frac{1}{2}y_2\right) y_2\, dy_2 \\
&= \frac{1}{4}\left[\left[-2\exp\left(-\frac{1}{2}y_2\right) y_2\right]_0^{2\ln 2} - \int\limits_{0}^{2\ln 2} -2\exp\left(-\frac{1}{2}y_2\right) dy_2\right] \\
&= \frac{1}{4}\left[\left[-2\exp\left(-\frac{1}{2}y_2\right) y_2\right]_0^{2\ln 2} - \left[4\exp\left(-\frac{1}{2}y_2\right)\right]_0^{2\ln 2}\right]
\end{aligned}$$

$$
\begin{aligned}
&= \frac{1}{4}\left[4\exp\left(-\frac{1}{2}y_2\right)\left(-\frac{1}{2}y_2-1\right)\right]_0^{2\ln 2} \\
&= [\exp(-\ln 2)\cdot(-\ln 2-1)]+1 \\
&= \frac{1}{2}(-\ln 2-1)+1=0{,}1534 \quad .
\end{aligned}
$$

Unter H_1 ist $\tilde{\boldsymbol{x}}$ verteilt nach

$$f_{\tilde{\boldsymbol{x}}}(x_1,x_2)=\exp\left(-(x_1+x_2)\right) \quad .$$

Also ist $\tilde{y}_2=\tilde{x}_1+\tilde{x}_2$ unter H_1 verteilt nach

$$
\begin{aligned}
g_{\tilde{y}_2}(y_2) &= \int_0^{y_2} \exp\left(-(y_1+y_2-y_1)\right)\,dy_1 \\
&= y_2 \mathrm{e}^{-y_2} \quad .
\end{aligned}
$$

Damit errechnet man die Trennschärfe

$$
\begin{aligned}
\alpha_1 &= F_{\tilde{y}_2}(2\ln 2\,|\,1) \\
&= \int_0^{2\ln 2} y_2\mathrm{e}^{-y_2}\,dy_2 \\
&= \Big[-y_2\mathrm{e}^{-y_2}-\mathrm{e}^{-y_2}\Big]_0^{2\ln 2} \\
&= -2\ln 2\cdot\exp\left(-2\ln 2\right)-\exp\left(-2\ln 2\right)+1=0{,}4034
\end{aligned}
$$

für den Fall, dass H_0 falsch ist.

7.2. Gütefunktion und Operationscharakteristik

Aufgabe 7.-2: Einer normalverteilten Grundgesamtheit mit Parameter $\sigma^2=16$ wird eine uneingeschränkte Zufallsstichprobe vom Umfang $n=100$ entnommen. Zu prüfen ist die Hypothese $H_0:\mu=\mu_0=20$ ($\alpha_0=0{,}045$).

a) Man lege die kritische Region in bei zweiseitigen Fragestellungen üblicher Weise fest.

b) Man errechne die Werte $\alpha(\mu)$ der Gütefunktion des Tests für $\mu=18{,}4$; $18{,}8$; $19{,}2$; $19{,}6$; $20{,}0$; $20{,}4$; $20{,}8$; $21{,}2$; $21{,}6$ und zeichne diese Funktion.

c) Jetzt sei $n = 400$. Man zeichne wiederum die Gütefunktion anhand einiger ausgewählter Punkte.

d) Jetzt sei wieder $n = 100$, jedoch $\alpha_0 = 0{,}003$. Man zeichne erneut die Gütefunktion.

Lösung 7.-2

a) Man erhält aus

$$C = \left\{(x_1, \ldots, x_n) |\; \bar{x} < \mu_0 - z(1 - \frac{\alpha}{2}) \cdot \frac{\sigma}{\sqrt{n}} \;\vee\; \bar{x} > \mu_0 + z(1 - \frac{\alpha}{2}) \cdot \frac{\sigma}{\sqrt{n}}\right\}$$

mit $z(1 - \alpha/2) = 2$ und den gegebenen Werten die kritische Region

$$C = \{(x_1, \ldots, x_{100}) |\; \bar{x} < 19{,}2 \;\vee\; \bar{x} > 20{,}8\} \quad .$$

b) Da die Gütefunktion die Wahrscheinlichkeit der Ablehnung der Nullhypothese für alternative μ angibt, gilt

$$\begin{aligned} \alpha(\mu) &= \Phi(19{,}2 \,|\, \mu; 0{,}4^2) + [1 - \Phi(20{,}8 \,|\, \mu; 0{,}4^2)] \\ &= \Phi[(19{,}2 - \mu) \cdot 2{,}5] + [1 - \Phi[(20{,}8 - \mu) \cdot 2{,}5]] \quad . \end{aligned}$$

Man erhält die Werte

$$\begin{aligned} \alpha(18{,}4) &= 0{,}9772 = \alpha(21{,}6) \\ \alpha(18{,}8) &= 0{,}8413 = \alpha(21{,}2) \\ \alpha(19{,}2) &= 0{,}5000 = \alpha(20{,}8) \\ \alpha(19{,}6) &= 0{,}1600 = \alpha(20{,}4) \\ \alpha(20) &= 0{,}0456 \end{aligned}$$

(vgl. Abbildung 7.-1).

c) Für $n = 400$ ergibt sich die kritische Region

$$C = \{(x_1, \ldots, x_{100}) |\; \bar{x} < 19{,}6 \;\vee\; \bar{x} > 20{,}4\} \quad .$$

Die Werte der Gütefunktion errechnet man gemäß

$$\begin{aligned} \alpha(\mu) &= \Phi(19{,}6 \,|\, \mu; 0{,}2^2) + [1 - \Phi(20{,}4 \,|\, \mu; 0{,}2^2)] \\ &= \Phi[(19{,}6 - \mu) \cdot 5] + [1 - \Phi[(20{,}4 - \mu) \cdot 5]] \quad , \end{aligned}$$

womit sich

$$\begin{aligned}
\alpha(18{,}4) &= 1 = \alpha(21{,}6)\\
\alpha(18{,}8) &= 0{,}9999 = \alpha(21{,}2)\\
\alpha(19{,}2) &= 0{,}9772 = \alpha(20{,}8)\\
\alpha(19{,}6) &= 0{,}5000 = \alpha(20{,}4)\\
\alpha(20) &= 0{,}0456
\end{aligned}$$

ergibt (vgl. Abbildung 7.-1).

d) Reduziert man den Stichprobenumfang auf 100 und verringert das Signifikanzniveau auf $\alpha = 0{,}003$, so ergibt sich die kritische Region ($z(1-\alpha/2) = 2{,}965$)

$$C = \{(x_1, \ldots, x_{100}) |\ \bar{x} < 18{,}814 \lor \bar{x} > 21{,}186\} \quad .$$

Die Gütefunktion bestimmt man über

$$\begin{aligned}
\alpha(\mu) &= \Phi(18{,}814 \,|\, \mu; 0{,}4^2) + [1 - \Phi(21{,}186 \,|\, \mu; 0{,}4^2)]\\
&= \Phi[(18{,}814 - \mu) \cdot 2{,}5] + [1 - \Phi[(21{,}186 - \mu) \cdot 2{,}5]]
\end{aligned}$$

und erhält die Werte

$$\begin{aligned}
\alpha(18{,}4) &= 0{,}8497 = \alpha(21{,}6)\\
\alpha(18{,}8) &= 0{,}5140 = \alpha(21{,}2)\\
\alpha(19{,}2) &= 0{,}1673 = \alpha(20{,}8)\\
\alpha(19{,}6) &= 0{,}0247 = \alpha(20{,}4)\\
\alpha(20) &= 0{,}0030 \quad .
\end{aligned}$$

Die drei Gütefunktionen werden in Abbildung 7.-1 veranschaulicht.

Aufgabe 7.-3: Die mit der Varianz $\sigma^2 = 36$ normalverteilte Zufallsvariable $\tilde{x}$ wird $n = 144$-mal unabhängig realisiert. Geprüft werden soll die Nullhypothese

$$H_0 : \mu = \mu_0 = 10$$

gegen die Alternativhypothese

$$H_1 : \mu = \mu_1 = 9 \quad .$$

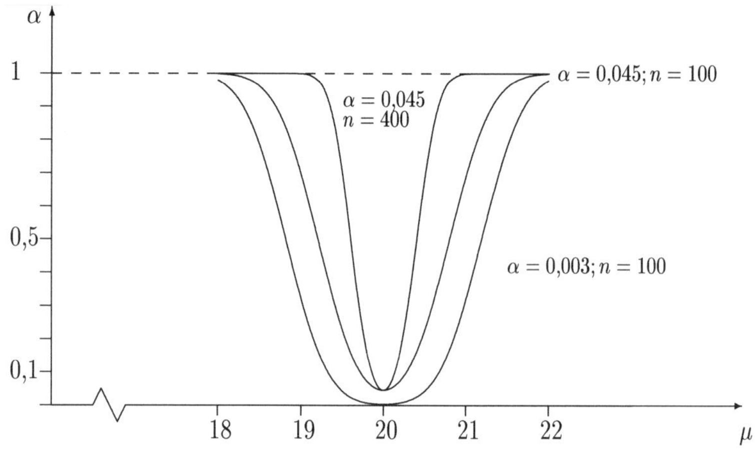

Abbildung 7.-1: Gütefunktionen zu den Lösungen 7.-2 b), c) und d)

Dabei werden die kritischen Regionen ($\alpha_1 = \alpha_2 = 0{,}05$)

$$C_1 = \{(x_1, \ldots, x_{144}) | \tilde{\bar{x}} \leq 9{,}1775\}$$

und

$$C_2 = \{(x_1, \ldots, x_{144}) | 8{,}36 < \tilde{\bar{x}} < 9{,}18\}$$

vorgeschlagen. Man untersuche anhand der Wahrscheinlichkeiten für den β-Fehler, welche kritische Region die vorteilhaftere ist.

Lösung 7.-3

Für C_1 ergibt sich

$$\begin{aligned} W(\tilde{\bar{x}} \geq 9{,}1775 | \mu_1 = 9) &= 1 - \Phi\left(\frac{9{,}1775 - 9}{0{,}5}\right) \\ &= 1 - \Phi(0{,}355) = 1 - 0{,}6406 \\ &= 0{,}3594 \end{aligned}$$

und für C_2

$$\begin{aligned} W(\tilde{\bar{x}} \leq 8{,}36 \quad \vee \quad \tilde{\bar{x}} \geq 9{,}18 | \mu_1 = 9) &= \Phi\left(\frac{8{,}36 - 9}{0{,}5}\right) + 1 - \Phi\left(\frac{9{,}18 - 9}{0{,}5}\right) \\ &= \Phi(-1{,}28) + 1 - \Phi(0{,}36) = 1 - 0{,}8997 + 1 - 0{,}6406 \\ &= 0{,}4597 \quad . \end{aligned}$$

Die Wahrscheinlichkeit für einen β-Fehler ist bei der kritischen Region C_1 kleiner.

7.3. Beste Tests

Aufgabe 7.-4: Von einer POISSON-verteilten Zufallsvariablen sollen $n = 10$ Realisationen x_i $(i = 1, \ldots, 10)$ gewonnen werden. Als kritische Region zur Prüfung von $H_0 : \mu = \mu_0 = 0{,}1$ wird

$$C = \left\{(x_1, \ldots, x_{10}) | \sum_{i=1}^{10} x_i \geq 3\right\}$$

festgelegt.

a) Man gebe die Funktionsgleichung der Gütefunktion dieses Tests an und zeichne diese mit Hilfe von fünf Punkten.

b) Man zeige, dass die genannte kritische Region beste kritische Region zur Prüfung von H_0 gegen $H_1 : \mu = \mu_1 = 0{,}5$ ist, und bestimme das Signifikanzniveau α_0 für diesen Test sowie die Wahrscheinlichkeit einer richtigen Entscheidung, falls H_1 wahr ist.

c) Man überlege, für welche möglichst umfangreiche Menge von Alternativen der Test gemäß b) ein gleichmäßig bester Test ist.

Lösung 7.-4

Die Zufallsvariable $\tilde{x}$ besitzt die Dichtefunktion $(\mu > 0)$

$$f_{\tilde{x}}(x|\mu) = \begin{cases} \dfrac{e^{-\mu}\mu^x}{x!} & \text{für} \quad x = 0, 1, 2, \ldots \\ 0 & \text{sonst} \end{cases} .$$

a) Die Werte der Gütefunktion errechnet man unter Verwendung der Reproduktivitätseigenschaft der POISSON-Verteilung mit

$$\begin{aligned} \alpha(\mu) &= W\left((x_1, \ldots, x_{10}) | \sum_{i=1}^{10} x_i =: y \geq 3\right) \\ &= 1 - F_{\tilde{y}}(2|10\mu) \\ &= 1 - \sum_{y=0}^{2} \frac{e^{-10\mu}(10\mu)^y}{y!} . \end{aligned}$$

Man erhält

$$\alpha(0{,}1) = 1 - \sum_{y=0}^{2} \frac{e^{-1}(10 \cdot 0{,}1)^y}{y!} = 0{,}08$$

$$\alpha(0{,}3) = 1 - \sum_{y=0}^{2} \frac{e^{-3}(10 \cdot 0{,}3)^y}{y!} = 0{,}57$$

$$\alpha(0{,}5) = 1 - \sum_{y=0}^{2} \frac{e^{-5}(10 \cdot 0{,}5)^y}{y!} = 0{,}88$$

$$\alpha(0{,}8) = 1 - \sum_{y=0}^{2} \frac{e^{-8}(10 \cdot 0{,}8)^y}{y!} = 0{,}98$$

$$\alpha(1) = 1 - \sum_{y=0}^{2} \frac{e^{-10}10^y}{y!} = 0{,}99 \quad .$$

Die Gütefunktion ist in Abbildung 7.-2 veranschaulicht.

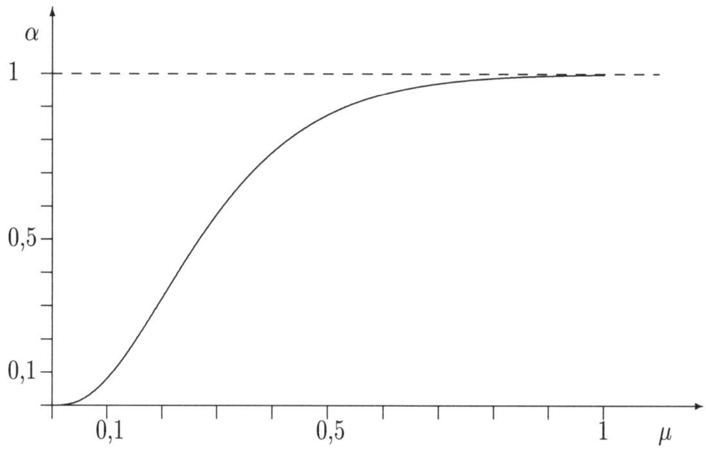

Abbildung 7.-2: Gütefunktion gemäß Lösung 7.-4 a)

b) Die Bedingung

$$\frac{L(\mu_0)}{L(\mu_1)} = \frac{\mu_0^{\sum_{i=1}^{n} x_i} \exp(-n\mu_0) \prod_{i=1}^{n}(x_i!)}{\mu_1^{\sum_{i=1}^{n} x_i} \exp(-n\mu_1) \prod_{i=1}^{n}(x_i!)}$$

$$= \left(\frac{\mu_0}{\mu_1}\right)^{\sum_{i=1}^{n} x_i} \exp(n(\mu_1 - \mu_0)) \leq k$$

liefert ($\mu_0 < \mu_1$)

$$\sum_{i=1}^{n} x_i(\ln \mu_0 - \ln \mu_1) + n(\mu_1 - \mu_0) \leq \ln k \quad ,$$

also

$$\sum_{i=1}^{n} x_i \geq \frac{\ln k + n(\mu_0 - \mu_1)}{\ln \mu_0 - \ln \mu_1} := c \quad .$$

Da der angegebene kritische Bereich von dieser Struktur ist und die Verteilung von $\tilde{y}$ unter H_0 nur von n und μ_0 abhängt, folgt wegen des Theorems von NEYMAN und PEARSON sofort die Behauptung. Es gilt

$$\alpha_0 = \alpha(0{,}1) = 0{,}08 \qquad \text{und} \qquad \alpha_1 = \alpha(0{,}5) = 0{,}88 \quad .$$

c) Die Alternativenmenge

$$H_1 : \mu_1 > \mu_0$$

ist die umfangreichste Alternativenmenge, für welche die angegebene kritische Region gleichmäßig beste kritische Region zur Prüfung von H_0 gegen H_1 ist. Denn aufgrund der Überlegungen unter b) folgt wegen der Unabhängigkeit dieser Überlegungen von μ_1, dass C tatsächlich gleichmäßig beste Region für H_0 gegen $H_1 : \mu_1 > \mu_0$ ist. Umfangreicher kann diese Alternativenmenge jedoch nicht sein, da für jedes $\mu_1 < \mu_0$ wegen der Monotonie des Logarithmus $\ln \mu_0 - \ln \mu_1 > 0$ gilt und man somit statt der Beziehung

$$\sum_{i=1}^{n} x_i \geq \frac{\ln k + n(\mu_0 - \mu_1)}{\ln \mu_0 - \ln \mu_1} := c$$

die Gleichung

$$\sum_{i=1}^{n} x_i \leq c$$

erhält, also einen kritischen Bereich, der eine andere Struktur als C aufweist.

Aufgabe 7.-5: Eine BERNOULLI-verteilte Zufallsvariable $\tilde{x}$ soll n-mal unabhängig realisiert werden. Man zeige, dass durch

$$\sum_{i=1}^{n} x_i \leq c$$

eine beste kritische Region zur Prüfung von $H_0 : \theta = 1/2$ gegen $H_1 : \theta = 1/3$ festgelegt ist. Man lege mit Hilfe der Normalapproximation der Binomialverteilung n und c derart fest, dass (ungefähr)

$$W\Big(\sum_{i=1}^{n} \tilde{x}_i \leq c|\theta = 1/2\Big) = 0{,}10$$

und

$$W\Big(\sum_{i=1}^{n} \tilde{x}_i \leq c|\theta = 1/3\Big) = 0{,}80$$

ist.

Lösung 7.-5

Ist allgemein

$$\frac{L(\pi_0)}{L(\pi_1)} \leq k \quad \text{für alle}\,(x_1, \ldots, x_n) \in C\,,$$

dann ist C eine beste kritische Region zur Prüfung von H_0 gegen H_1 beim Signifikanzniveau α_0.

Die Likelihood-Funktion eines Stichprobenvektors von identisch und unabhängig nach $f_{\tilde{x}}(x|\pi)$ verteilten Stichprobenvariablen ergibt sich als Produkt der einzelnen Dichtefunktionen gemäß

$$L(\pi) = L(x_1, \ldots, x_n; \pi) = f_{\tilde{x}}(x_1|\pi) \cdot \cdots \cdot f_{\tilde{x}}(x_n|\pi) \quad .$$

Somit lässt sich der Beweis folgendermaßen durchführen:

Es ist

$$\begin{aligned}
\frac{L\left(\frac{1}{2}\right)}{L\left(\frac{1}{3}\right)} &= \frac{\prod\limits_{i=1}^{n} \left(\frac{1}{2}\right)^{x_i} \left(\frac{1}{2}\right)^{1-x_i}}{\prod\limits_{i=1}^{n} \left(\frac{1}{3}\right)^{x_i} \left(\frac{2}{3}\right)^{1-x_i}} \\
&= \frac{\prod\limits_{i=1}^{n} \left(\frac{1}{2}\right)}{\left(\frac{1}{3}\right)^{\Sigma x_i} \left(\frac{2}{3}\right)^{\Sigma(1-x_i)}} = \left(\frac{1}{2}\right)^{n} \left(\frac{1}{3}\right)^{-\Sigma x_i} \left(\frac{2}{3}\right)^{\Sigma x_i - n} \\
&= \left(\frac{3}{4}\right)^{n} \cdot 2^{\Sigma x_i} \leq k \quad .
\end{aligned}$$

Daraus folgt

$$2^{\Sigma x_i} \leq k \cdot \left(\frac{4}{3}\right)^n$$

bzw.

$$\sum_{i=1}^{n} x_i \ln 2 \leq \ln k + n \cdot \ln\left(\frac{4}{3}\right)$$

und schließlich

$$\sum_{i=1}^{n} x_i \leq \frac{\ln k + n \cdot \ln\left(\frac{4}{3}\right)}{\ln 2} =: c \quad .$$

Damit ist $C = \left\{(x_1, \ldots, x_n) | \sum_{i=1}^{n} x_i \leq c\right\}$ eine beste kritische Region zur Prüfung von H_0 gegen H_1.

Die Zufallsvariable $\sum \tilde{x}_i$ ist unter $H_0 : \theta = 1/2$ aufgrund der Reproduktivitätseigenschaft der Binomialverteilung binomialverteilt mit den Parametern n und 0,5.

Die Parameter n und c erhält man aus den Gleichungen

$$W\left(\sum_{i=1}^{n} x_i \leq c | \theta_0 = \frac{1}{2}\right) = B_{\tilde{x}}\left(c|n; \frac{1}{2}\right) = 0{,}10$$

und

$$W\left(\sum_{i=1}^{n} x_i \leq c | \theta_1 = \frac{1}{3}\right) = B_{\tilde{x}}\left(c|n; \frac{1}{3}\right) = 0{,}80 \quad .$$

Die Normalapproximation der Binomialverteilung liefert

$$B_{\tilde{x}}\left(c|n; \frac{1}{2}\right) \approx \Phi_{\tilde{x}}\left(c + 0{,}5 | \frac{n}{2}; \frac{n}{4}\right) = 0{,}10 \quad ,$$

also

$$\Phi_{\tilde{z}}\left(\frac{c + 0{,}5 - \frac{n}{2}}{\sqrt{d\frac{n}{4}}}\right) = 0{,}10 \quad ,$$

$$\Phi_{\tilde{z}}\left(\frac{2c + 1 - n}{\sqrt{n}}\right) = 0{,}10$$

und schließlich

$$\frac{2c+1-n}{\sqrt{n}} = -1{,}28$$

mit

$$c = \frac{-1{,}28\sqrt{n}+n-1}{2} \quad .$$

Entsprechend ist

$$B_{\tilde{x}}\left(c\middle|n;\frac{1}{3}\right) \approx \Phi_{\tilde{x}}\left(c+0{,}5\middle|\frac{n}{3};\frac{2n}{9}\right) = 0{,}80$$

$$\frac{3c+1{,}5-n}{\sqrt{2n}} = 0{,}84 \quad .$$

Durch Einsetzen ergibt sich schließlich

$$\frac{3\cdot(\frac{-1{,}28\sqrt{n}+n-1}{2})+1{,}5-n}{\sqrt{2n}} = 0{,}84 \quad ,$$

$$\frac{-1{,}92\sqrt{n}+0{,}5n}{\sqrt{2n}} = 0{,}84$$

sowie

$$n \approx 38{,}6371 \qquad \text{und} \qquad c \approx 14{,}8404 \quad .$$

Man legt also $n = 39$ und $c = 15$ fest.

7.4. Gleichmäßig beste Tests

Aufgabe 7.-6: Eine mit Varianz 100 normalverteilte Zufallsvariable wird 25-mal realisiert. Man ermittle eine gleichmäßig beste kritische Region mit $\alpha_0 = 0{,}10$ zur Prüfung von $H_0 : \mu = \mu_0 = 75$ gegen $H_1 : \mu > 75$.

Lösung 7.-6

Die Bestimmung eines besten Tests der Größe $\alpha_0 = 0{,}1$ zur Prüfung von $H_0 : \mu = \mu_0 = 75$ gegen $H_1 : \mu = \mu_1 > 75$ ergibt sich aus

$$\begin{aligned}
\frac{L(\mu_0)}{L(\mu_1)} &= \frac{\left(\frac{1}{\sqrt{2\pi}\sigma}\right)^n \exp\left(-\frac{1}{2}\sum_{i=1}^n\left(\frac{x_i-\mu_0}{\sigma}\right)^2\right)}{\left(\frac{1}{\sqrt{2\pi}\sigma}\right)^n \exp\left(-\frac{1}{2}\sum_{i=1}^n\left(\frac{x_i-\mu_1}{\sigma}\right)^2\right)} \\
&= \exp\left(-\frac{1}{2\sigma^2}\sum_{i=1}^n(x_i^2-2\mu_0x_i+\mu_0^2-x_i^2+2\mu_1x_i-\mu_1^2)\right) \\
&= \exp\left(-\frac{1}{2\sigma^2}\left[2(\mu_1-\mu_0)\sum_{i=1}^n x_i+n(\mu_0^2-\mu_1^2)\right]\right) \le k \quad ,
\end{aligned}$$

also

$$-\frac{1}{2\sigma^2}\left[2(\mu_1-\mu_0)\sum_{i=1}^n x_i+n(\mu_0^2-\mu_1^2)\right] \le \ln k \quad ,$$

$$(\mu_0-\mu_1)\sum_{i=1}^n x_i \ge \ln k\cdot\sigma^2-\frac{n}{2}\cdot(\mu_0^2-\mu_1^2) \qquad (\mu_1>\mu_0)$$

und

$$\bar{x} = \frac{1}{n}\sum_{i=1}^n x_i \ge \underbrace{\frac{\ln k\cdot\sigma^2}{(\mu_0-\mu_1)n}+\frac{(\mu_0+\mu_1)}{2}}_{c} \quad .$$

$\tilde{\bar{x}}$ ist unter H_0 verteilt nach $N(75;4)$. Somit erhält man c aus der Gleichung

$$1-F_{\tilde{\bar{x}}}(c)=0{,}10$$

bzw.

$$F_{\tilde{\bar{x}}}(c)=\Phi_{\tilde{\bar{x}}}(c|75;4)=\Phi_{\tilde{z}}\left(\frac{c-75}{2}\right)=0{,}90$$

schließlich

$$\frac{c-75}{2}=1{,}28$$

bzw.

$$c=77{,}56 \quad .$$

Die kritische Region

$$C = \{(x_1, \ldots, x_{25}) | \bar{x} \geq 77{,}56\}$$

ist also beste kritische Region zur Prüfung von H_0 gegen H_1.

Dies gilt für jedes $\mu_1 > \mu_0 = 75$; damit ist C gleichmäßig beste Region der Größe $\alpha_0 = 0{,}10$.

Aufgabe 7.-7: Gegeben sei eine Γ-verteilte Zufallsvariable $\tilde{x}$ mit den Parametern $b = 1/2$ und p. Man zeige, dass durch

$$C = \left\{ (x_1, \ldots, x_8) | \sum_{i=1}^{8} \ln x_i \leq k^* \right\}$$

eine beste kritische Region zur Prüfung von $H_0 : p = p_0 = 2$ gegen $H_1 : p = p_1 = 1$ bei $n = 8$ unabhängigen Realisierungen von $\tilde{x}$ gekennzeichnet ist. Ferner überlege man, ob die angegebene kritische Region auch gleichmäßig beste kritische Region ist.

Lösung 7.-7

Man bilde zunächst die Likelihood-Funktion:

$$\begin{aligned} L(x_1, \ldots, x_8; p) &= \prod_{i=1}^{8} \frac{(\frac{1}{2})^p}{\Gamma(p)} x_i^{p-1} \cdot e^{-\frac{1}{2}x_i} \\ &= \frac{1}{2^{8p}(\Gamma(p))^8} \cdot \exp\left(-\frac{1}{2} \sum_{i=1}^{8} x_i \right) \cdot \prod_{i=1}^{8} x_i^{p-1} \qquad . \end{aligned}$$

Der Likelihood-Quotient im Sinne des Theorems von NEYMAN und PEARSON ist dann

$$\frac{L_0(x_1, \ldots, x_8|2)}{L_0(x_1, \ldots, x_8|1)} = \frac{2^8(\Gamma(1))^8}{2^{16}(\Gamma(2))^8} \cdot \prod_{i=1}^{8} x_i = c \cdot \prod_{i=1}^{8} x_i \leq k$$

mit $c = 2^{-8}$ $(\Gamma(1) = 1; \Gamma(2) = 1)$. Logarithmieren dieses Ausdrucks liefert schließlich

$$\ln c + \sum_{i=1}^{8} \ln x_i \leq \ln k$$

bzw.

$$\sum_{i=1}^{8} \ln x_i \leq \ln k - \ln c =: k^* \qquad .$$

Die angegebene beste kritische Region ist keine gleichmäßig beste kritische Region für alle Parameterwerte p_1. Aus dem Likelihood-Quotienten erhält man mit einem allgemeinen Parameterwert p_1 der Alternativhypothese als gleichmäßig beste kritische Region für $0 < p_1 < 2$

$$\sum_{i=1}^{8} \ln x_i \leq \frac{k^*}{2 - p_1} \quad .$$

Aufgabe 7.-8: Eine POISSON-verteilte Zufallsvariable soll $n = 10$ mal realisiert werden. Zu prüfen sei $H_0 : \lambda = \lambda_0 = 1/8$ gegen $H_1 : \lambda = \lambda_1 > 1/8$. Man ermittle den kritischen Bereich mit Hilfe eines gleichmäßig besten Tests bei einem Signifikanzniveau von $\alpha_0 =$ 0,05 (konservatives Testen).

Lösung 7.-8

Mit Hilfe des Theorems von (NEYMAN und PEARSON) erhält man den Likelihood-Quotienten

$$\frac{L(x_1, \ldots, x_{10}; 1/8)}{L(x_1, \ldots, x_{10}; \lambda_1)} = \prod_{i=1}^{10} \left(\left(\frac{1}{8\lambda_1} \right)^{x_i} e^{\lambda_1 - \frac{1}{8}} \right) = \left(\frac{1}{8\lambda_1} \right)^{\sum\limits_{i=1}^{10} x_i} \cdot e^{10\lambda_1 - \frac{5}{4}} \leq k(\lambda_1) \quad .$$

Dann erhält man für $\lambda_1 > 1/8$ nach Umformung

$$\sum_{i=1}^{10} x_i \geq \frac{\ln k(\lambda_1) + \frac{5}{4} - 10\lambda_1}{-\ln(8\lambda_1)} =: c_1 \quad .$$

Aufgrund der Reproduktivität der POISSON-Verteilung ist die Zufallsvariable $\sum\limits_{i=1}^{10} x_i$ POISSON-verteilt mit dem Parameter $\lambda = 5/4$. Da $P(3; 5/4) = 0{,}9617$ und $P(2; 5/4) = 0{,}8685$ ist, ist die gleichmäßig beste kritische Region

$$C = \left\{ (x_1, \ldots, x_{10}) \in \mathbb{N}_0^{10} \mid \sum_{i=1}^{10} x_i \geq 4 \right\} \quad .$$

Aufgabe 7.-9: Zur Diskussion steht die Echtheit einer Münze mit den Seiten Kopf und Zahl. Getestet werden soll also die Nullhypothese $H_0 : p = p_0 = 1/2$ gegen die Alternativhypothese $H_1 : p = p_1 \neq 1/2$ bei einem Stichprobenumfang von $n = 100$. Man zeige, dass kein gleichmäßig bester Test für diese Fragestellung existiert.

Lösung 7.-9

Die Zufallsvariable $\tilde{x}_i$ habe die Ausprägungen 0 und 1. $x_i = 1$ kennzeichnet Kopf im i-ten Wurf und $x_i = 0$ Zahl. Dann ist

$$\frac{L(x_1, \ldots, x_n; 1/2)}{L(x_1, \ldots, x_n; p_1)} = \frac{\left(\frac{1}{2}\right)^{100}}{p_1^{\sum_{i=1}^{100} x_i} (1-p_1)^{100-\sum_{i=1}^{100} x_i}} \leq k(p_1) \qquad .$$

Nach Umformung erhält man

$$100 \ln \frac{1}{2} - \Big(\sum_{i=1}^{100} x_i \ln p_1 + (100 - \sum_{i=1}^{100} x_i) \cdot \ln(1-p_1) \Big) \leq \ln k(p_1)$$

bzw.

$$\ln \left(\frac{p_1}{1-p_1} \sum_{i=1}^{100} x_i \right) \geq 100 \ln \left(\frac{1}{2(1-p_1)} \right) - \ln k(p_1) \qquad .$$

Für $p_1 < 1/2$ ist $\ln p_1 - \ln(1-p_1) < 0$ und für $p_1 > 1/2$ ist $\ln p_1 - \ln(1-p_1) > 0$. Daher ergibt sich für $p_1 > 1/2$

$$\sum_{i=1}^{100} x_i \geq \frac{100 \ln \left(\frac{1}{2(1-p_1)} \right) - \ln k(p_1)}{\ln \left(\frac{p_1}{1-p_1} \right)}$$

und für $p_1 < 1/2$

$$\sum_{i=1}^{100} x_i \leq \frac{100 \ln \left(\frac{1}{2(1-p_1)} \right) - \ln k(p_1)}{\ln \left(\frac{p_1}{1-p_1} \right)}$$

als Struktur der kritischen Region. Somit existiert für $p \neq 1/2$ keine einheitliche Struktur der kritischen Region und damit auch kein gleichmäßig bester Test.

7.5. Weitere Testeigenschaften

Aufgabe 7.-10: Eine mit den Parametern μ und 0,01 normalverteilte Zufallsvariable $\tilde{x}$ wird n-mal unabhängig wiederholt. Zu testen sei die Nullhypothese $H_0 : \mu \leq 15$ gegen $H_1 : \mu > 15$ auf der Grundlage des durch die kritische Region

$$C_n := \left\{(x_1, \ldots, x_n) \in \mathbb{R}^n \;\middle|\; \left(\frac{1}{n}\sum_{i=1}^{n} x_i - 15\right) \cdot \frac{\sqrt{n}}{0{,}1} \geq 1{,}645\right\}$$

definierten Tests.

a) Man ermittle die Gütefunktion des Tests und das Signifikanzniveau α_0.

b) Man zeige, dass der durch die kritische Region C_n bestimmte Test unverzerrt ist.

c) Man zeige, dass die durch die Folge $\{C_n\}$ kritischer Regionen definierte Folge von Tests konsistent ist.

Lösung 7.-10

a) Da $\bar{\tilde{x}}$ normalverteilt ist mit den Parametern μ und $0{,}01/n$, ist die Zufallsvariable

$$\left(\frac{1}{n}\sum_{i=1}^{n} \tilde{x}_i - 15\right) \cdot \frac{\sqrt{n}}{0{,}1} = 10\sqrt{n} \cdot \frac{1}{n}\sum_{i=1}^{n} \tilde{x}_i - 10\sqrt{n} \cdot 15$$

normalverteilt mit den Parametern $10\sqrt{n}(\mu - 15)$ und 1. Damit ist die Gütefunktion

$$\alpha(\mu) = W\big((x_1, \ldots, x_n) \in C_n \,|\, \mu\big) = 1 - \Phi(1{,}645 - 10\sqrt{n}(\mu - 15)) \quad .$$

Das Signifikanzniveau ist

$$\alpha_0(n) = \sup_{\mu \leq 15} \alpha(\mu) = 1 - \Phi(1{,}645) = 0{,}05 \quad .$$

b) Für den Nachweis der Unverzerrtheit eines Tests ist

$$\alpha(n) \geq \alpha_0 = 0{,}05$$

für alle $\mu > 15$ zu zeigen. Da die Gütefunktion streng monoton steigend ist, ist der durch die kritische Region C_n festgelegte Test unverzerrt.

c) Da

$$\lim_{n\to\infty} \alpha(\mu) = \lim_{n\to\infty} \big(1 - \Phi(1{,}645 - 10\sqrt{n}(\mu - 15))\big) = 1$$

für alle $\mu > 15$ gilt, ist der durch die kritische Region C_n festgelegte Test konsistent.

7.6. Likelihood-Quotienten-Tests

Aufgabe 7.-11: Man gehe von einer normalverteilten Zufallsvariablen mit unbekannter Varianz aus. Nun ermittle man mit Hilfe der Likelihood-Quotienten-Methode eine kritische Region mit $\alpha_0 = 0{,}10$ zur Prüfung von $H_0 : \mu = \mu_0 = 75$ gegen $H_1 : \mu \neq \mu_0 = 75$.

Lösung 7.-11

Der Parameterraum Θ lässt sich durch

$$\Theta = \{(\mu, \sigma^2) | -\infty < \mu < \infty \wedge \sigma^2 > 0\}$$

darstellen; für den Hypothesenraum unter H_0 gilt

$$\Theta_0 = \{(\mu, \sigma^2) | \mu = \mu_0 = 75 \wedge \sigma^2 > 0\} \quad .$$

Der Likelihood-Quotient ist durch

$$\lambda = \frac{\max\limits_{\Theta_0} \prod\limits_{i=1}^{n} \frac{1}{\sqrt{2\pi}\sigma} \exp\left(-\frac{(x_i - \mu_0)^2}{2\sigma^2}\right)}{\max\limits_{\Theta} \prod\limits_{i=1}^{n} \frac{1}{\sqrt{2\pi}\sigma} \exp\left(-\frac{(x_i - \mu)^2}{2\sigma^2}\right)}$$

gegeben. Maximieren des Zählers ergibt

$$\sigma^{2*} = \frac{1}{n}\sum_{i=1}^{n}(x_i - \mu_0)^2 \quad .$$

Damit ist der Zähler des Likelihood-Quotienten

$$\left(\frac{2\pi}{n}\sum_{i=1}^{n}(x_i - \mu_0)^2\right)^{-\frac{n}{2}} \cdot \exp\left(-\frac{n}{2}\right) \quad .$$

Maximierung des Nenners ergibt

$$\mu^* = \frac{1}{n}\sum_{i=1}^{n} x_i = \bar{x}$$

und

$$\sigma^{2*} = \frac{1}{n}\sum_{i=1}^{n}(x_i - \bar{x})^2 \quad .$$

Damit ist der Nenner des Likelihood-Quotienten

$$\left(\frac{2\pi}{n}\sum_{i=1}^{n}(x_i-\bar{x})^2\right)^{-\frac{n}{2}}\cdot\exp\left(-\frac{n}{2}\right) \quad .$$

Also ist

$$\lambda=\frac{\left(\frac{2\pi}{n}\sum_{i=1}^{n}(x_i-\mu_0)^2\right)^{-\frac{n}{2}}\cdot\exp\left(-\frac{n}{2}\right)}{\left(\frac{2\pi}{n}\sum_{i=1}^{n}(x_i-\bar{x})^2\right)^{-\frac{n}{2}}\cdot\exp\left(-\frac{n}{2}\right)}\leq k \quad ,$$

woraus sich

$$\lambda=\left(\frac{\sum_{i=1}^{n}(x_i-\bar{x})^2+n(\bar{x}-\mu_0)^2}{\sum_{i=1}^{n}(x_i-\bar{x})^2}\right)^{-\frac{n}{2}}\leq k$$

und

$$1+\frac{n(\bar{x}-\mu_0)^2}{\sum_{i=1}^{n}(x_i-\bar{x})^2}\geq k^{-\frac{2}{n}}$$

ergibt. Die Prüfgröße erhält man nach einigen Umformungen aus

$$\left|\underbrace{\frac{\sqrt{n}(\bar{x}-\mu_0)}{\sqrt{\frac{1}{n-1}\sum_{i=1}^{n}(x_i-\bar{x})^2}}}_{t}\right|\geq\sqrt{(k^{-\frac{2}{n}}-1)(n-1)}=:c \quad .$$

Die Prüfgröße $\tilde{t}$ ist t-verteilt mit $n-1$ Freiheitsgraden.

Demnach wird H_0 abgelehnt, wenn

$$W(\tilde{t}\geq c)=\frac{\alpha}{2} \quad \text{für} \quad t>0$$

bzw.

$$W(\tilde{t}\leq -c)=\frac{\alpha}{2} \quad \text{für} \quad t\leq 0$$

gilt. Der Wert c ($\alpha_0 = 0{,}10$) ergibt sich dabei mit

$$W(\tilde{t} \geq c) = 1 - F_{\tilde{t}}(c) = 0{,}05 \quad ,$$

also

$$F_{\tilde{t}}(c) = 0{,}95$$

und

$$c = 1{,}711 \quad .$$

Damit wird H_0 abgelehnt, wenn für die Prüfgröße

$$|t| = \left| \frac{\sqrt{n}(\bar{x} - 75)}{\sqrt{\frac{1}{n+1}\sum\limits_{i=1}^{n}(x_i - \bar{x})^2}} \right| \geq 1{,}711$$

gilt.

Aufgabe 7.-12: Die Zufallsvariable $\tilde{x}$ sei BERNOULLI-verteilt. Zu testen sei $H_0 : \theta = \theta_0 = 0{,}1$ gegen $H_1 : \theta = \theta_1 = 0{,}4$ bei einem Stichprobenumfang von $n = 20$. Man ermittle die Struktur der kritischen Region mit Hilfe der Likelihood-Quotienten-Methode sowie das zugehörige Signifikanzniveau.

Lösung 7.-12

Der Likelihood-Quotient ist

$$\begin{aligned}
\lambda(x_1, \ldots, x_{20}) &= \frac{L(x_1, \ldots, x_{20}; 0{,}1)}{\max\limits_{\theta \in \{0{,}1;0{,}4\}} L(x_1, \ldots, x_{20}; \theta)} = \min\left\{1;\ \frac{L(x_1, \ldots, x_{20}; 0{,}1)}{L(x_1, \ldots, x_{20}; 0{,}4)}\right\} \\
&= \min\left\{1;\ \frac{0{,}1^{\sum\limits_{i=1}^{20} x_i} \cdot 0{,}4^{20-\sum\limits_{i=1}^{20} x_i}}{0{,}4^{\sum\limits_{i=1}^{20} x_i} \cdot 0{,}1^{20-\sum\limits_{i=1}^{20} x_i}}\right\} \\
&= \min\left\{1;\ 0{,}1^{2\cdot\sum\limits_{i=1}^{20} x_i - 20} \cdot 0{,}4^{20-2\cdot\sum\limits_{i=1}^{20} x_i}\right\} \quad .
\end{aligned}$$

Die kritische Region ermittelt man aus

$$\lambda(x_1, \ldots, x_{20}) \leq c < 1 \quad .$$

Dann erhält man durch Logarithmieren

$$\left(2\cdot\sum_{i=1}^{20} x_i - 20\right)\ln 0{,}1 + \left(20 - 2\cdot\sum_{i=1}^{20} x_i\right)\ln 0{,}4 \leq \ln c$$

und nach Umformung

$$2\sum_{i=1}^{20} x_i(\ln 0{,}1 - \ln 0{,}4) \leq \ln c + 20(\ln 0{,}1 - \ln 0{,}4) \quad .$$

Schließlich erhält man

$$\sum_{i=1}^{20} x_i \geq \frac{\ln c + 20\ln 0{,}25}{2\ln 0{,}25} \approx 10 - 0{,}36067\ln c \quad .$$

Somit ist die kritische Region in Abhängigkeit von c

$$C(c) = \left\{(x_1,\ldots,x_{20}) \in \{0;1\}^{20} \mid \sum_{i=1}^{20} x_i \geq 10 - 0{,}36067\ln c\right\} \quad .$$

Da $\sum_{i=1}^{20} x_i$ unter der Nullhypothese $B(20;0{,}1)$-verteilt ist, ist das Signifikanzniveau in Abhängigkeit von c

$$\alpha_0(c) = W\{(x_1,\ldots,x_{20}) \in C(c) \mid \theta_0\} = \sum_{k\geq 10-0{,}36067\ln c} \binom{20}{k}\cdot 0{,}1^k \cdot 0{,}9^{20-k} \quad .$$

Aufgabe 7.-13: Eine POISSON-verteilte Zufallsvariable soll $n = 10$ mal realisiert werden. Zu prüfen sei $H_0 : \lambda = \lambda_0 = 1/2$ gegen $H_1 : \lambda = \lambda_1 = 1/8$. Man ermittle die Struktur des kritischen Bereichs mit Hilfe der Likelihood-Quotienten-Methode.

Lösung 7.-13

Der Likelihood-Quotient ist

$$\lambda(x_1,\ldots,x_{10}) = \frac{L(x_1,\ldots,x_{20};1/2)}{\max\limits_{\lambda\in\{1/2;1/8\}} L(x_1,\ldots,x_{10};\lambda)} = \min\left\{1;\ \frac{L(x_1,\ldots,x_{10};1/2)}{L(x_1,\ldots,x_{10};1/8)}\right\}$$

$$= \min\left\{1;\ \frac{\prod\limits_{i=1}^{10}\dfrac{2^{-x_i}e^{-1/2}}{x_i!}}{\prod\limits_{i=1}^{10}\dfrac{8^{-x_i}e^{-1/8}}{x_i!}}\right\} = \min\left\{1;\ \prod_{i=1}^{10}\left(4^{x_i}\cdot e^{-3/8}\right)\right\}$$

$$= \min\left\{1;\ e^{-15/4} \cdot 4^{\sum_{i=1}^{10} x_i}\right\} quad.$$

Die kritische Region ermittelt man aus

$$\lambda(x_1, \ldots, x_{10}) \leq c < 1 \quad .$$

Man erhält schließlich die Struktur der kritischen Region

$$\sum_{i=1}^{10} \leq \frac{\ln c + \frac{15}{4}}{\ln 4} \quad .$$

Anhang A

Tabellenanhang

A.1. Die Standardnormalverteilung

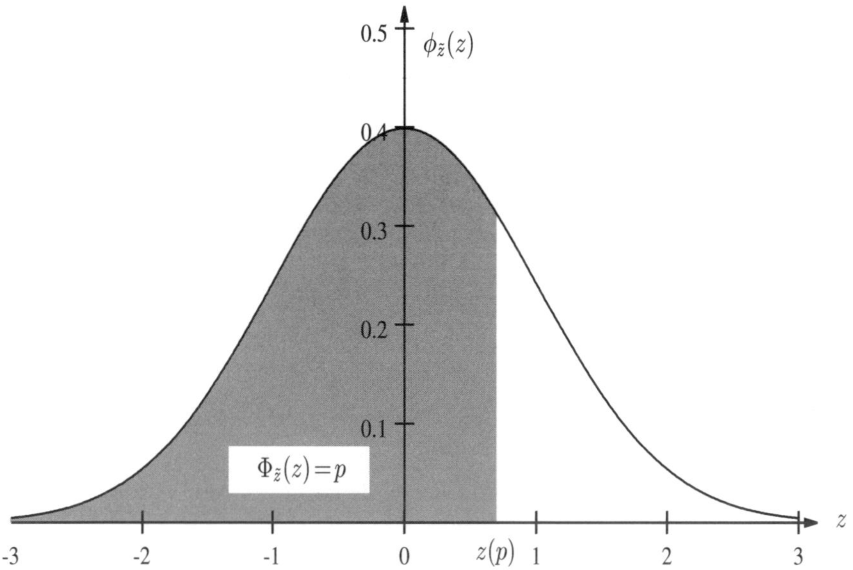

Tabelliert sind für Abszissenwerte z zwischen 0,00 und 3,29 die zugehörigen Werte der Verteilungsfunktion $\Phi_{\tilde{z}}(z)$.

z	0,00	0,01	0,02	0,03	0,04	0,05	0,06	0,07	0,08	0,09
0,0	.5000	.5040	.5080	.5120	.5160	.5199	.5239	.5279	.5319	.5359
0,1	.5398	.5438	.5478	.5517	.5557	.5596	.5636	.5675	.5714	.5753
0,2	.5793	.5832	.5871	.5910	.5948	.5987	.6026	.6064	.6103	.6141
0,3	.6179	.6217	.6255	.6293	.6331	.6368	.6406	.6443	.6480	.6517
0,4	.6554	.6591	.6628	.6664	.6700	.6736	.6772	.6808	.6844	.6879
0,5	.6915	.6950	.6985	.7019	.7054	.7088	.7123	.7157	.7190	.7224
0,6	.7257	.7291	.7324	.7357	.7389	.7422	.7454	.7486	.7517	.7549
0,7	.7580	.7611	.7642	.7673	.7704	.7734	.7764	.7794	.7823	.7852
0,8	.7881	.7910	.7939	.7967	.7995	.8023	.8051	.8078	.8106	.8133
0,9	.8159	.8186	.8212	.8238	.8264	.8289	.8315	.8340	.8365	.8389
1,0	.8413	.8438	.8461	.8485	.8508	.8531	.8554	.8577	.8599	.8621
1,1	.8643	.8665	.8686	.8708	.8729	.8749	.8770	.8790	.8810	.8830
1,2	.8849	.8869	.8888	.8907	.8925	.8944	.8962	.8980	.8997	.9015
1,3	.9032	.9049	.9066	.9082	.9099	.9115	.9131	.9147	.9162	.9177
1,4	.9192	.9207	.9222	.9236	.9251	.9265	.9279	.9292	.9306	.9319
1,5	.9332	.9345	.9357	.9370	.9382	.9394	.9406	.9418	.9429	.9441
1,6	.9452	.9463	.9474	.9484	.9495	.9505	.9515	.9525	.9535	.9545
1,7	.9554	.9564	.9573	.9582	.9591	.9599	.9608	.9616	.9625	.9633
1,8	.9641	.9649	.9656	.9664	.9671	.9678	.9686	.9693	.9699	.9706
1,9	.9713	.9719	.9726	.9732	.9738	.9744	.9750	.9756	.9761	.9767
2,0	.9772	.9778	.9783	.9788	.9793	.9798	.9803	.9808	.9812	.9817
2,1	.9821	.9826	.9830	.9834	.9838	.9842	.9846	.9850	.9854	.9857
2,2	.9861	.9864	.9868	.9871	.9875	.9878	.9881	.9884	.9887	.9890
2,3	.9893	.9896	.9898	.9901	.9904	.9906	.9909	.9911	.9913	.9916
2,4	.9918	.9920	.9922	.9925	.9927	.9929	.9931	.9932	.9934	.9936
2,5	.9938	.9940	.9941	.9943	.9945	.9946	.9948	.9949	.9951	.9952
2,6	.9953	.9955	.9956	.9957	.9959	.9960	.9961	.9962	.9963	.9964
2,7	.9965	.9966	.9967	.9968	.9969	.9970	.9971	.9972	.9973	.9974
2,8	.9974	.9975	.9976	.9977	.9977	.9978	.9979	.9979	.9980	.9981
2,9	.9981	.9982	.9982	.9983	.9984	.9984	.9985	.9985	.9986	.9986
3,0	.9987	.9987	.9987	.9988	.9988	.9989	.9989	.9989	.9990	.9990
3,1	.9990	.9991	.9991	.9991	.9992	.9992	.9992	.9992	.9993	.9993
3,2	.9993	.9993	.9994	.9994	.9994	.9994	.9994	.9995	.9995	.9995

Tabelle A.-1: Die Standardnormalverteilung

A.2. Die χ^2-Verteilung

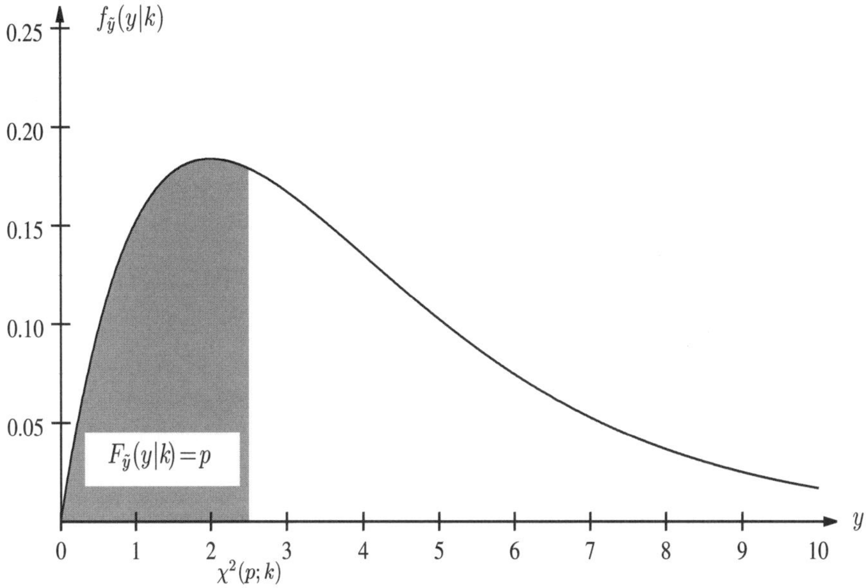

	Werte p der Verteilungsfunktion				
k	0,001	0,005	0,025	0,05	0,1
1	0,000	0,000	0,001	0,004	0,016
2	0,002	0,010	0,051	0,103	0,211
3	0,024	0,072	0,216	0,352	0,584
4	0,091	0,207	0,484	0,711	1,064
5	0,210	0,412	0,831	1,145	1,610
6	0,381	0,676	1,237	1,635	2,204
7	0,599	0,989	1,690	2,167	2,833
8	0,857	1,344	2,180	2,733	3,490
9	1,152	1,735	2,700	3,325	4,168
10	1,479	2,156	3,247	3,940	4,865
11	1,834	2,603	3,816	4,575	5,578
12	2,214	3,074	4,404	5,226	6,304
13	2,617	3,565	5,009	5,892	7,041
14	3,041	4,075	5,629	6,571	7,790
15	3,483	4,601	6,262	7,261	8,547
16	3,942	5,142	6,908	7,962	9,312
17	4,416	5,697	7,564	8,672	10,085
18	4,905	6,265	8,231	9,390	10,865
19	5,407	6,844	8,907	10,117	11,651
20	5,921	7,434	9,591	10,851	12,443
21	6,447	8,034	10,283	11,591	13,240
22	6,983	8,643	10,982	12,338	14,041
23	7,529	9,260	11,689	13,091	14,848
24	8,085	9,886	12,401	13,848	15,659
25	8,649	10,520	13,120	14,611	16,473
26	9,222	11,160	13,844	15,379	17,292
27	9,803	11,808	14,573	16,151	18,114
28	10,391	12,461	15,308	16,928	18,939
29	10,986	13,121	16,047	17,708	19,768
30	11,588	13,787	16,791	18,493	20,599
40	17,917	20,707	24,433	26,509	29,051

Tabelle A.-2: Die χ^2-Verteilung für $p < 0{,}5$

Tabelliert sind für ausgewählte Wahrscheinlichkeiten $p = 0{,}001;\ 0{,}005;\ 0{,}025;\ 0{,}05;\ 0{,}1$ in Tabelle A.-2 bzw. $p = 0{,}5;\ 0{,}9;\ 0{,}95;\ 0{,}975;\ 0{,}99;\ 0{,}995;\ 0{,}999$ in Tabelle A.-3 die zugehörigen Quantile $\chi^2(p; k)$ bei alternativen Anzahlen k von Freiheitsgraden.

Für $k > 30$ kann die Zufallsvariable $\sqrt{2\tilde{y}} - \sqrt{2k-1}$ näherungsweise als standardnormalverteilt angesehen werden.

	Werte p der Verteilungsfunktion						
k	0,5	0,9	0,95	0,975	0,99	0,995	0,999
1	0,455	2,706	3,841	5,024	6,635	7,879	10,827
2	1,386	4,605	5,991	7,378	9,210	10,597	13,815
3	2,366	6,251	7,815	9,348	11,345	12,838	16,266
4	3,357	7,779	9,488	11,143	13,277	14,860	18,466
5	4,351	9,236	11,070	12,832	15,086	16,750	20,515
6	5,348	10,645	12,592	14,449	16,812	18,548	22,457
7	6,346	12,017	14,067	16,013	18,475	20,278	24,321
8	7,344	13,362	15,507	17,535	20,090	21,955	26,124
9	8,343	14,684	16,919	19,023	21,666	23,589	27,877
10	9,342	15,987	18,307	20,483	23,209	25,188	29,588
11	10,341	17,275	19,675	21,920	24,725	26,757	31,264
12	11,340	18,549	21,026	23,337	26,217	28,300	32,909
13	12,340	19,812	22,362	24,736	27,688	29,819	34,527
14	13,339	21,064	23,685	26,119	29,141	31,319	36,124
15	14,339	22,307	24,996	27,488	30,578	32,801	37,698
16	15,338	23,542	26,296	28,845	32,000	34,267	39,252
17	16,338	24,769	27,587	30,191	33,409	35,718	40,791
18	17,338	25,989	28,869	31,526	34,805	37,156	42,312
19	18,338	27,204	30,144	32,852	36,191	38,582	43,819
20	19,337	28,412	31,410	34,170	37,566	39,997	45,314
21	20,337	29,615	32,671	35,479	38,932	41,401	46,796
22	21,337	30,813	33,924	36,781	40,289	42,796	48,268
23	22,337	32,007	35,172	38,076	41,638	44,181	49,728
24	23,337	33,196	36,415	39,364	42,980	45,558	51,179
25	24,337	34,382	37,652	40,646	44,314	46,928	52,619
26	25,336	35,563	38,885	41,923	45,642	48,290	54,051
27	26,336	36,741	40,113	43,195	46,963	49,645	55,475
28	27,336	37,916	41,337	44,461	48,278	50,994	56,892
29	28,336	39,087	42,557	45,722	49,588	52,335	58,301
30	29,336	40,256	43,773	46,979	50,892	53,672	59,702
40	39,335	51,805	55,758	59,342	63,691	66,766	73,403

Tabelle A.-3: Die χ^2-Verteilung für $p \geq 0{,}5$

A.3. Die t-Verteilung

k	0,9	0,95	0,975	0,995	0,9995
1	3,078	6,314	12,706	63,656	636,578
2	1,886	2,920	4,303	9,925	31,600
3	1,638	2,353	3,182	5,841	12,924
4	1,533	2,132	2,776	4,604	8,610
5	1,476	2,015	2,571	4,032	6,869
6	1,440	1,943	2,447	3,707	5,959
7	1,415	1,895	2,365	3,499	5,408
8	1,397	1,860	2,306	3,355	5,041
9	1,383	1,833	2,262	3,250	4,781
10	1,372	1,812	2,228	3,169	4,587
11	1,363	1,796	2,201	3,106	4,437
12	1,356	1,782	2,179	3,055	4,318
13	1,350	1,771	2,160	3,012	4,221
14	1,345	1,761	2,145	2,977	4,140
15	1,341	1,753	2,131	2,947	4,073
16	1,337	1,746	2,120	2,921	4,015
17	1,333	1,740	2,110	2,898	3,965
18	1,330	1,734	2,101	2,878	3,922
19	1,328	1,729	2,093	2,861	3,883
20	1,325	1,725	2,086	2,845	3,850
21	1,323	1,721	2,080	2,831	3,819
22	1,321	1,717	2,074	2,819	3,792
23	1,319	1,714	2,069	2,807	3,768
24	1,318	1,711	2,064	2,797	3,745
25	1,316	1,708	2,060	2,787	3,725
26	1,315	1,706	2,056	2,779	3,707
27	1,314	1,703	2,052	2,771	3,689
28	1,313	1,701	2,048	2,763	3,674
29	1,311	1,699	2,045	2,756	3,660
30	1,310	1,697	2,042	2,750	3,646
40	1,303	1,684	2,021	2,704	3,551
60	1,296	1,671	2,000	2,660	3,460
120	1,289	1,658	1,980	2,617	3,373
∞	1,282	1,645	1,960	2,576	3,290

Tabelle A.-4: Die t-Verteilung

Tabelliert sind für ausgewählte Wahrscheinlichkeiten $p = 0{,}9;\ 0{,}95;\ 0{,}975;\ 0{,}995;\ 0{,}9995$ die zugehörigen Quantile $t(p;k)$ bei alternativen Freiheitsgraden k.

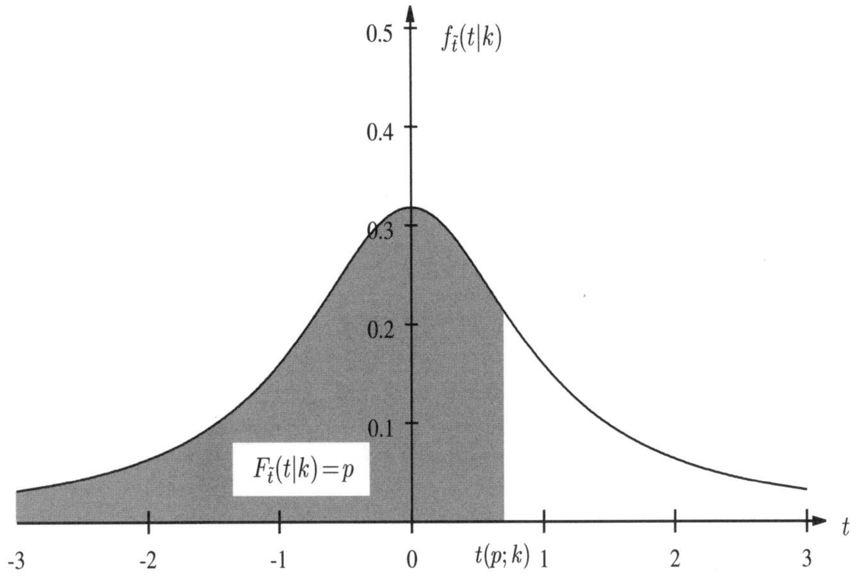

A.4. Die F-Verteilung

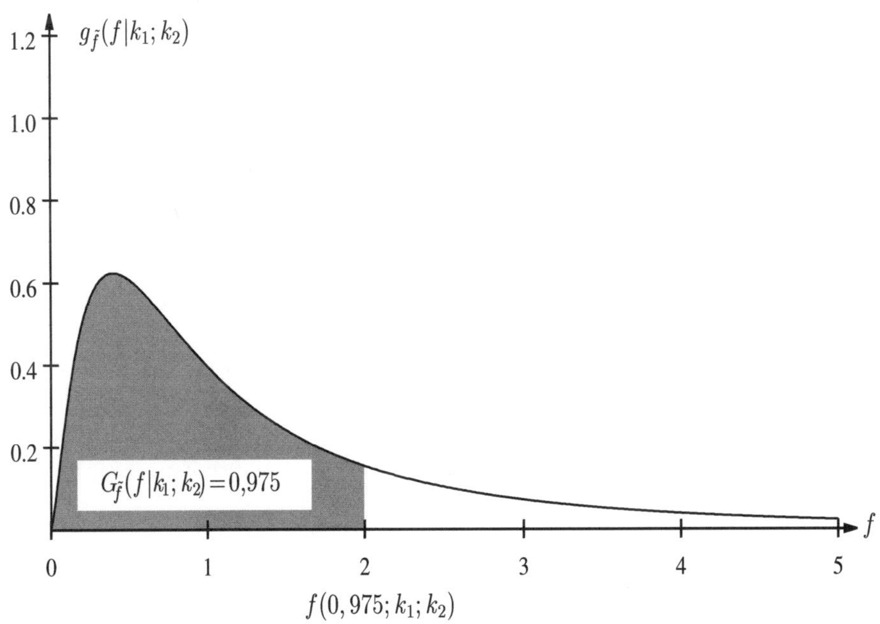

k_2 \ k_1	1	2	3	4	5	6	7	8	9	10	11	12
1	648	800	864	900	922	937	948	957	963	969	973	977
2	38,51	39,00	39,17	39,25	39,30	39,33	39,36	39,37	39,39	39,40	39,41	39,41
3	17,44	16,04	15,44	15,10	14,88	14,73	14,62	14,54	14,47	14,42	14,37	14,34
4	12,22	10,65	9,98	9,60	9,36	9,20	9,07	8,98	8,90	8,84	8,79	8,75
5	10,01	8,43	7,76	7,39	7,15	6,98	6,85	6,76	6,68	6,62	6,57	6,52
6	8,81	7,26	6,60	6,23	5,99	5,82	5,70	5,60	5,52	5,46	5,41	5,37
7	8,07	6,54	5,89	5,52	5,29	5,12	4,99	4,90	4,82	4,76	4,71	4,67
8	7,57	6,06	5,42	5,05	4,82	4,65	4,53	4,43	4,36	4,30	4,24	4,20
9	7,21	5,71	5,08	4,72	4,48	4,32	4,20	4,10	4,03	3,96	3,91	3,87
10	6,94	5,46	4,83	4,47	4,24	4,07	3,95	3,85	3,78	3,72	3,66	3,62
11	6,72	5,26	4,63	4,28	4,04	3,88	3,76	3,66	3,59	3,53	3,47	3,43
12	6,55	5,10	4,47	4,12	3,89	3,73	3,61	3,51	3,44	3,37	3,32	3,28
13	6,41	4,97	4,35	4,00	3,77	3,60	3,48	3,39	3,31	3,25	3,20	3,15
14	6,30	4,86	4,24	3,89	3,66	3,50	3,38	3,29	3,21	3,15	3,09	3,05
15	6,20	4,77	4,15	3,80	3,58	3,41	3,29	3,20	3,12	3,06	3,01	2,96
16	6,12	4,69	4,08	3,73	3,50	3,34	3,22	3,12	3,05	2,99	2,93	2,89
17	6,04	4,62	4,01	3,66	3,44	3,28	3,16	3,06	2,98	2,92	2,87	2,82
18	5,98	4,56	3,95	3,61	3,38	3,22	3,10	3,01	2,93	2,87	2,81	2,77
19	5,92	4,51	3,90	3,56	3,33	3,17	3,05	2,96	2,88	2,82	2,76	2,72
20	5,87	4,46	3,86	3,51	3,29	3,13	3,01	2,91	2,84	2,77	2,72	2,68
22	5,79	4,38	3,78	3,44	3,22	3,05	2,93	2,84	2,76	2,70	2,65	2,60
24	5,72	4,32	3,72	3,38	3,15	2,99	2,87	2,78	2,70	2,64	2,59	2,54
26	5,66	4,27	3,67	3,33	3,10	2,94	2,82	2,73	2,65	2,59	2,54	2,49
28	5,61	4,22	3,63	3,29	3,06	2,90	2,78	2,69	2,61	2,55	2,49	2,45
30	5,57	4,18	3,59	3,25	3,03	2,87	2,75	2,65	2,57	2,51	2,46	2,41
40	5,42	4,05	3,46	3,13	2,90	2,74	2,62	2,53	2,45	2,39	2,33	2,29
50	5,34	3,97	3,39	3,05	2,83	2,67	2,55	2,46	2,38	2,32	2,26	2,22
60	5,29	3,93	3,34	3,01	2,79	2,63	2,51	2,41	2,33	2,27	2,22	2,17
80	5,22	3,86	3,28	2,95	2,73	2,57	2,45	2,35	2,28	2,21	2,16	2,11
100	5,18	3,83	3,25	2,92	2,70	2,54	2,42	2,32	2,24	2,18	2,12	2,08
200	5,10	3,76	3,18	2,85	2,63	2,47	2,35	2,26	2,18	2,11	2,06	2,01
300	5,07	3,73	3,16	2,83	2,61	2,45	2,33	2,23	2,16	2,09	2,04	1,99
500	5,05	3,72	3,14	2,81	2,59	2,43	2,31	2,22	2,14	2,07	2,02	1,97
1000	5,04	3,70	3,13	2,80	2,58	2,42	2,30	2,20	2,13	2,06	2,01	1,96
∞	5,02	3,69	3,12	2,79	2,57	2,41	2,29	2,19	2,11	2,05	1,99	1,94

Tabelle A.-5: Die F-Verteilung für $k_1 < 13$

Tabelliert sind für die Wahrscheinlichkeit $p = 0,975$ die zugehörigen Quantile $f(0,975; k_1; k_2)$ für alternative Freiheitsgrade k_1 und k_2.

k_2 \ k_1	13	14	15	16	18	20	30	40	50	100	500	∞
1	980	983	985	987	990	993	1001	1006	1008	1013	1017	1018
2	39,42	39,43	39,43	39,44	39,44	39,45	39,46	39,47	39,48	39,49	39,50	39,50
3	14,30	14,28	14,25	14,23	14,20	14,17	14,08	14,04	14,01	13,96	13,91	13,90
4	8,72	8,68	8,66	8,63	8,59	8,56	8,46	8,41	8,38	8,32	8,27	8,26
5	6,49	6,46	6,43	6,40	6,36	6,33	6,23	6,18	6,14	6,08	6,03	6,02
6	5,33	5,30	5,27	5,24	5,20	5,17	5,07	5,01	4,98	4,92	4,86	4,85
7	4,63	4,60	4,57	4,54	4,50	4,47	4,36	4,31	4,28	4,21	4,16	4,14
8	4,16	4,13	4,10	4,08	4,03	4,00	3,89	3,84	3,81	3,74	3,68	3,67
9	3,83	3,80	3,77	3,74	3,70	3,67	3,56	3,51	3,47	3,40	3,35	3,33
10	3,58	3,55	3,52	3,50	3,45	3,42	3,31	3,26	3,22	3,15	3,09	3,08
11	3,39	3,36	3,33	3,30	3,26	3,23	3,12	3,06	3,03	2,96	2,90	2,88
12	3,24	3,21	3,18	3,15	3,11	3,07	2,96	2,91	2,87	2,80	2,74	2,72
13	3,12	3,08	3,05	3,03	2,98	2,95	2,84	2,78	2,74	2,67	2,61	2,60
14	3,01	2,98	2,95	2,92	2,88	2,84	2,73	2,67	2,64	2,56	2,50	2,49
15	2,92	2,89	2,86	2,84	2,79	2,76	2,64	2,59	2,55	2,47	2,41	2,40
16	2,85	2,82	2,79	2,76	2,72	2,68	2,57	2,51	2,47	2,40	2,33	2,32
17	2,79	2,75	2,72	2,70	2,65	2,62	2,50	2,44	2,41	2,33	2,26	2,25
18	2,73	2,70	2,67	2,64	2,60	2,56	2,44	2,38	2,35	2,27	2,20	2,19
19	2,68	2,65	2,62	2,59	2,55	2,51	2,39	2,33	2,30	2,22	2,15	2,13
20	2,64	2,60	2,57	2,55	2,50	2,46	2,35	2,29	2,25	2,17	2,10	2,09
22	2,56	2,53	2,50	2,47	2,43	2,39	2,27	2,21	2,17	2,09	2,02	2,00
24	2,50	2,47	2,44	2,41	2,36	2,33	2,21	2,15	2,11	2,02	1,95	1,94
26	2,45	2,42	2,39	2,36	2,31	2,28	2,16	2,09	2,05	1,97	1,90	1,88
28	2,41	2,37	2,34	2,32	2,27	2,23	2,11	2,05	2,01	1,92	1,85	1,83
30	2,37	2,34	2,31	2,28	2,23	2,20	2,07	2,01	1,97	1,88	1,81	1,79
40	2,25	2,21	2,18	2,15	2,11	2,07	1,94	1,88	1,83	1,74	1,66	1,64
50	2,18	2,14	2,11	2,08	2,03	1,99	1,87	1,80	1,75	1,66	1,57	1,55
60	2,13	2,09	2,06	2,03	1,98	1,94	1,82	1,74	1,70	1,60	1,51	1,48
80	2,07	2,03	2,00	1,97	1,92	1,88	1,75	1,68	1,63	1,53	1,43	1,40
100	2,04	2,00	1,97	1,94	1,89	1,85	1,71	1,64	1,59	1,48	1,38	1,35
200	1,97	1,93	1,90	1,87	1,82	1,78	1,64	1,56	1,51	1,39	1,27	1,23
300	1,95	1,91	1,88	1,85	1,80	1,75	1,62	1,54	1,48	1,36	1,23	1,18
500	1,93	1,89	1,86	1,83	1,78	1,74	1,60	1,52	1,46	1,34	1,19	1,14
1000	1,92	1,88	1,85	1,82	1,77	1,72	1,58	1,50	1,45	1,32	1,16	1,09
∞	1,90	1,87	1,83	1,80	1,75	1,71	1,57	1,48	1,43	1,30	1,13	1,00

Tabelle A.-6: Die F-Verteilung für $k_1 \geq 13$

Es gilt:

$$f(0,025; k_1; k_2) = \frac{1}{f(0,975; k_2; k_1)}$$

Stichwortverzeichnis

L

M

N

P

Q

R

S

T

U

V

W

Z